002

なぜ飼い犬に手をかまれるのか

動物たちの言い分

日高敏隆

PHP
Science
World

PHPサイエンス・ワールド新書

まえがき

小学生のころ、ぼくは、昆虫網を持って近所の原っぱへ行き、虫を採ったり、犬と遊んだり、そんなことばかりしていた。標本を集めるというよりは、生きている虫たちをじっくり見ているほうが格段におもしろかった。

高尾山の裏手あたりにはチョウがいろいろいると教えてもらって、電車に乗って行き、あちこちと歩き回った。そんなことをしているうちに、体が弱くて学校をしょっちゅう休んでいたぼくの体も丈夫になっていったのだと思う。

毎年、春の女神ギフチョウが出てくるころになると、ぼくはいてもたってもいられず、早春の枯れ草の山に出かけていったものだ。ギフチョウの姿をみかけたときのうれしさ！　ほんとうに美しい！　なぜ、ギフチョウは枯れ草の早春にだけ、その姿をあらわすのか？　新しくチョウは毎年生まれてくるのに、なぜ同じような場所にあらわれ、同じようなルートを飛ぶのだろう？　そんな疑問がぼくの胸中にひっかかっていた。

『少年少女ファーブル昆虫記』の中に、動物の死体を食べるシデムシという虫がいて、「死がいをうめる」と書いてあった。当時は、犬や猫の死体がけっこうころがっていたので、みつけたぼくは、すわりこんで、暗くなったのにも気づかずじっと長い時間シデムシたちを見ていた。「何をしているんだ?」と交番にひっぱられたこともあった。

さまざまな生きものや虫たちと出合って、観察するうちに、いくつもの疑問が答えを得られないままに少年のぼくの胸にたまっていった。そうした少年のころからの延長線に、いまのぼくはあるのだろう。そのままそれを職業として昆虫学者になり、動物行動学者になったぼくは、幸せな人生を歩んでこられたのだと思う。彼らのことを知ろうとして、さまざまな理屈や論理を学んできたし、いくつかの実験や研究もしてきた。彼らの見方、「心」や「世界観」に少しでも近づけたのだろうか。

動物には、種によってそれぞれの生きかたがあり、「言い分」がある。猫は群れないでひとり生きてきたので、ぼくたちのいうことをなかなか聞かない。一方、犬は集団でえものを捕ることで生きてきた。集団であれば、だれがリーダーであるかが問題となる。狩をするには、個々が勝手に行動しては捕まるものも逃がしてしまう。リーダーの統率の下、協力してはじめて大きなえものが捕らえられる。飼い犬はリーダーが頼りないと感じると、自分がリーダーになろうとする。そうした犬は、散歩のときにはひもをひっぱり、吠えてものを要求したりする。自分より順位が下だと思えば、飼い主のいうことを聞かなくてよいと考える。人からみれば「問題」と思える行動も、この犬からすれば当然のことをしているまでなのである。

動物のことを長年研究してきたぼくは、人間も動物のなかの一つの種と見ている。人も動物とあまり変わらない、よく似ている点が見えてしまう。人が動物と異なることのひとつは、ある「問題」行動をとった後で「屁理屈をこねて」自己を正当化してしまうことである。いわゆる「後知恵」である。もっとすなおに「自分の誤り」を認めてしまったほうがどんなに楽かと思うのだが……おっと、ぼくも人の一員か。

本書は、前半が中日新聞の連載で、後半が京都新聞の連載をまとめたものである。中日新聞では動物や虫たちを話題に書いたが、京都新聞のほうは「天眼」という論説的色彩の強い欄だったために、人間の話題をテーマに書くことが多かった。ここでは、それぞれお世話になった方々の名前は、いちいちあげないが、ぼくに付き合ってくれた方々に心から「ありがとう」と申し上げたい。

二〇〇九年八月十七日

日高敏隆

目次

なぜ飼い犬に手をかまれるのか　動物たちの言い分

第2章 動物の言い分、私の言い分

帯・扉イラスト　大田黒摩利
本文イラスト　後藤喜久子

第1章

動物たち　それぞれの世界

庭のタヌキ

「子連れ夫婦の一家」

もう十年ほど前になるだろうか、人の家の庭先に毎晩のようにタヌキがやってきて、餌《えさ》をもらっていくという記事が、写真入りで新聞にのり、なかなかたのしい話題になったことがあった。

季節はいつだったかよく憶《おぼ》えていないが、タヌキは子連れ夫婦の一家だと書いてあったから、たぶん夏の終わりから秋にかけてのことだったろう。

聞けばなんでもないことのように思われるかもしれないが、ぼくにとってはたいへん興味ぶかい。それはこのちょっとしたできごとが、他の動物ではあまりありそうもない、タヌキならではのことだからである。

タヌキは夫婦で子育てをする、哺乳《ほにゅう》類としては珍しい動物である。犬や猫は絶対に夫婦で子どもを育てたりしない。母親はひとりで子どもを産み、育てる。万一、オスが近づいてきたら猛烈ないきおいで追い払う。だから子連れの犬、猫一家が庭先へやってきて餌をもらうことはありえない。

出産に立ち会うオス

タヌキは春先早くに夫婦がペアになるらしい。そうするとこのペアは、いつも一緒に行動する。夜になると二匹で餌探しにいくし、もちろん巣も一緒。そして、かつて京都大学の動物行動学研究室にいた山本伊津子さんの研究で明らかにされたように、タヌキのオスはメスの出産に立ち会う。

近ごろは人間の夫が妻の出産に立ち会うことも珍しくなくなったが、昔は出産の場は男子禁制だった。けれどタヌキは大昔からオスがメスの出産を助けていたらしいのである。

オスは陣痛で苦しがるメスの背中をなめてやり、子どもが生まれたら羊膜《ようまく》をなめとって赤ん坊を自分の腹にかかえこんで温める。

吐きもどしのしくみなし

一方、タヌキはイヌ科の動物であるが、オオカミのようにオスがメスにえものを持ってきてやるようなことはけっしてしない。それはタヌキが、口にくわえて帰れるような大きなえものを狩る動物でなく、虫とかカニとか山の中の果実とかを一つひとつ探しまわって食べる動物であるからである。おまけにどういうわけだか知らないが、こういう食べものを一時貯《たくわ》えておくのど袋のようなものもないし、食べたものをいったん胃に収めておいて、巣に帰ってそれを吐きもどして子に与えるというしくみももっていないからである。

だから子を産んだメスは、乳の出を確保するために、巣から出て自分で食べにいく。メスが留守にしている間、オスは子どもたちを体にかかえて温めている。タヌキの赤ん坊は、これもどういうわけだか分からないが、体温調整能力がとても低く、ほうっておかれるとすぐ体が冷えて死んでしまうらしいのである。

夏になって、やっと子どもが乳離れすると、親子は連れだって餌探しに出る。だから夏から秋にかけて、人家の庭先にタヌキの一家がやってくることにもなるのである。

山の中で少ない餌を探しまわるより、人の家で餌がもらえるなら、そのほうがよっぽどいい。動物にとっての最大の関心は食物と安全だ。それはタヌキにしても同じことで、たとえ餌がもらえなくても、人の住むところには畑もあるし、ごみとして捨てられた餌もたくさんある。はじめは極端に警戒しながらも、人家の近くにタヌキが出没するようになるのは当然である。

タヌキの子たちは、秋おそくには成長して大人になり、親に追われてそこらへ散らばっていく。夫婦もペアを解き、また新たな相手を求めてばらばらになるらしい。高速道路でのタヌキのロードキル、つまり交通事故が一挙にふえるのもこのころである。

タヌキの数はふえている？

それでも近年、タヌキの数はふえているらしい。昔からタヌキは、日本の中型獣の中では数が多いほうだった。里に住む人々はしばしばタヌキの姿を見かけていた。タヌキが人を化かすという話も、そんなところから生まれてきたのかもしれない。

いずれにせよ、人間のおかげで豊かになった餌に頼って、いろいろな野生動物が今、ものすごくふえているようだ。そしていろいろな問題もおこっている。庭先にかわいらしい姿を見せるタヌキたちも、その例外ではない。タヌキとほんとうに親しくつきあえるようになるには、どのようにしたらよいのだろうか？

冬の越しかた

池の昆虫たちの冬越し作戦

昔の冬は今よりずっと寒かったような気がする。そんなころ、近くの池の冷たい水にいる虫たちが、冬はどうしているのか心配になった。

当時は本も少なかった。いわゆる自然探求に熱心な先生たちの本を見てみると、池の昆虫たちは陸上へ上がり、暖かい土の中で冬を越します、と書かれている。

さっそくぼくも探してみた。池の近くのよく日の当たる乾いた斜面を掘ってみると、ほんとだ！　土のごく浅いところに、小さな水生昆虫たちがたくさん集まって眠っていた。掘り出されて日に当たると、ゆっくり動きだす。かわいそうに、眠いのを起こしてしまった。ごめんよ、といってまた埋めもどした。

水から出て、日当たりのよい暖かい乾いた土の中で静かに寝て過ごす。この冬の越しかたにぼくは納得した。

アゲハチョウのサナギ――「休眠」作戦

ところがである。ぼくがやはり関心をもっていたアゲハチョウたちのサナギは、冬はどこにいるのか、なかなか見当たらない。ときたま、太い木の幹の、北向きの、いかにも寒そうな場所についていたりする。暖かい日だまりの場所にはまずほとんどみつからない。

ある本にこんなことが書いてあった。「冬を越す虫は、一日の温度がなるべく変化しない、北側の場所を選びます」。なるほどそうか、体があまり熱くなったり冷えたりしてはいけないのだ。でもそれなら、池の虫たちはどうなのだろう？

昆虫生理学の研究が進んでいろいろなことがわかってくると、だんだん納得がいくようになった。

アゲハチョウのサナギは、じつはただ寒いからじっとしているのではなくて、「休眠」という状態になっているのである。そういう状態にあるサナギは、冬の間、ちょっと暖かい日が二、三日つづいたくらいでは動きだしたりしない。むしろ、冷蔵庫ぐらいの温度の寒さを合計二カ月ぐらい経験したあとでないと、暖かさを感じないのである。

温帯の日本には、昔から「三寒四温《さんかんしおん》」ということばがある。冬の間にも暖かい日や寒い日がほぼ何日かで交代するのだ。アゲハのサナギはこんなことにだまされず、ちゃんとほんとうの春がくるまで、じっと待っているようにできているのである。池の虫たちより、ずっと安全な冬の越しかただ。

けれど、日本よりもっともっと寒い北極圏にすむ虫たちには、休眠などという生理現象はない。徹底して寒い日がつづくので、動きようがないのである。そのかわり、ひとたび春がきたら急がねばならぬ。だから、少しでも寒くなくなったら、いち早く目をさます。もともと寒さに強くできている虫たちだから、このほうが賢いやりかたなのである。

真冬の雪上を歩く虫

虫たちの冬の越しかたに関心をそそられるようになってから、ぼくがいちばん驚いたのは、セッケイカワゲラという虫の生活であった。真夏の山の雪渓の上や、真冬の低い山の雪の上をちょこちょこ歩いている体長一センチぐらいの虫である。

名古屋出身で京大に入った幸島司郎君が、この虫の生活を研究した。ぼくもほんの少しだけは手伝った。

セッケイカワゲラは十二月ごろ、成虫になって山の沢から雪の上へでてくる。それから彼らはせっせと雪の上を歩きはじめる。歩くのは天気のいい日だけ。太陽コンパスを巧みに使って、彼らは上流へ上流へと歩く。食べものは雪の上に落ちている有機物。二月になると、オスとメスが雪の上で出合い、交尾する。やがてオスは死ぬが、メスは歩きつづける。

三月ごろ、メスは沢に下り、雪のない水面を探して卵を産む。卵から孵《かえ》った幼虫は、そのまま秋まで何も食わずに水底で休眠している。脱皮もしないし、大きくもならない。

半年ほど経《た》って秋がくると、山の木々の葉が散りはじめる。葉は沢の中にも落ちてくる。すると幼虫たちは急に動きだす。水に浸って発酵しはじめた落ち葉を食べ、大きくなっていく。そして十二月、初雪が沢を埋めてしまう前に、幼虫は成虫となり、雪の上に出ていく。それから約二カ月、彼らは真冬の山の雪の上を、せっせと歩きつづけるのだ。寒さをしのいで冬を越す、などというものではない。彼らにとって、まさに冬こそが人生なのである。

春のチョウ

四季のある日本の春

三月ももう月半ば。そろそろ春めいてくるだろうなどと思ったのは、少々甘かったらしい。この間の暖かさはどこへやら。琵琶湖のほとりのここ彦根は、昔教わった歌のように、「今日もきのうも雪の空」だ。

でも、季節というものは争えない。四月になれば日本の中部では春になる。花冷えだとか春の雪だとかいいながら、サクラの花は咲き、春のチョウたちが姿を見せる。そしてみんなが待ちこがれていた春もあっという間に過ぎていって、まもなく人々は「暑い、暑い」といいはじめる。

四季のある日本では毎年がこうして過ぎていくことは知っていても、「あ、また雪か、

「今日も寒そうだな」などと気をひきしめるようにしていた冬がゆるみ、何となく春を感じる日ざしの中で、今年初めてチョウの姿を目にしたときのうれしさは、今も昔のとおり変わらない。

サナギで越冬……生き生き

小学生のころぼくは、三月半ばにもなったら毎日近所を歩きまわって、虫たちの姿を追い求めた。学校は春休みで、当時は塾なんてなかったから、その時間はたっぷりあった。

春めいてきた日光の中をキラリと光を反射して飛ぶ小さな甲虫もうれしかったが、思いがけず出合ったチョウには心が躍った。

そのころぼくが住んでいた東京の渋谷では、それはいつもルリシジミであった。小さな青色のこのチョウは、サナギで冬を越す。そして少し暖かい日がつづくと、いち早くチョウになるのである。

ルリシジミは飛ぶのが速い。どこにあるかもわからぬ花を求めて、活発に飛んでまわる。今年初めてのチョウの姿にじっと心を奪われているいとまもなく、ルリシジミはどこかへ消えてしまうのだった。

ほぼ同じころ、モンシロチョウも現れる。これもサナギで冬を越すチョウだ。まだ冷たい風にもてあそばれるように飛ぶ春先のモンシロチョウには、「ひらひら舞う」という印象はなかった。

成虫越冬組……はねはぼろぼろ

近くの原っぱの中へ入っていくと、草の間でキチョウの姿をみかけることもあった。その名のとおり黄色いこのチョウは、成虫つまり親のチョウで冬を越してきたものだ。あの寒い冬を、このデリケートでひ弱そうなチョウがどこでどうして耐えていたのかわからないが、春がくると、何ごともなかったかのように現れてくる。それがぼくにはふしぎだった、少し大げさに言えば畏敬《いけい》の念すら感じていた。

ぼくが旧制中学四年のときまでつづいた戦争が終わり、少し遠出ができるようになると、ぼくは高尾山のふもとあたりまで春のチョワを探しにいった。そこには図鑑で知っていたチョウがたくさんいた。

四月早々なのにもう見られるのは、テングチョウやスジボソヤマキチョウだった。チョウの生活史、つまり一年をどう過ごすかがまだよくわかっていなかったそのころにも、この二つのチョウについてはどちらも図鑑に「成虫にて越冬す」と書いてあった。

春のテングチョウは、じつは前年の夏にチョウになったものである。それが夏、秋、冬をチョウとして生きてきて、春いち早く姿を見せ、卵を産むエノキの新芽の開くのを待っているのだ。卵からはまもなく幼虫が孵《かえ》り、エノキの葉を食べて成長する。そして夏になるころサナギとなり、そのサナギからチョウになる。そしてそのチョウが翌年の春まで生きていくのである。

スジボソヤマキチョウも似たような生活史をもっている。ただしこのチョウが卵を産むのはエノキではなく、クロウメモドキという木である。

同じように親のチョウで長い間過ごしてくるので、春になるとどちらのチョウもはねが相当に傷んでいる。とくにスジボソヤマキチョウはもう色もうすれ、はねはぼろぼろで、痛ましい。

同じチョウでも「歴史」はさまざま

春のチョウといえばギフチョウだ。ギフチョウは初夏六月にサナギになり、そのままえんえん九カ月を経て翌年の春、チョウになる。

同じくうれしい春のチョウでも、その「歴史」はじつにさまざまなのである。

小鳥の給餌

春になって、小鳥たちは子育てに忙しいことであろう。

初めてひなをもった親鳥にしてみれば、自分のひなというものは生まれて初めて見るものである。

ひなにしても同じこと。自分の親は生まれて初めて見るものだ。

生まれて初めて見るもの同士が、なぜうまくコミュニケーションできるのか？

ひな――巣の振動で親を「知る」

動物行動学の確立者の一人として一九七三年にノーベル生理学・医学賞を受けたニコ・ティンバーゲンの研究が、今も興味深く思い起こされる。

親鳥がひなのための餌をとりに行っている間、ひなたちはなるべく敵の目につかないように、巣の中で静かにじっとうずくまっている。

親が帰ってくると、とたんにひなたちは起きあがり、口を開いて餌をねだる。親が帰ってきたことを、ひなたちはどうしてわかるのか？

それは親が戻ってきて巣にとまったときの振動だろうとティンバーゲンは考えた。彼は巣をそっと揺すってみた。思った通り、ひなたちは一斉に起きあがり、口を開いて餌をねだり始めた。

親鳥――黄色の菱形でひなを「知る」

親鳥はどれか一羽のひなの口の中に、確実に餌（たいていの場合、栄養に富んだ虫である）をつっこんでやる。でも、ひなの口というものがどうしてわかるのか？

「くちばしの黄色い若造が……」という表現が昔あったが、たいていの小鳥の若いひなのくちばしは強烈に黄色い。餌をねだるひながその口を開くと、開いたくちばしは黄色い菱形《ひしがた》になる。この菱形が信号なのだ、とティンバーゲンは考えた。

彼はマッチ棒を黄色く塗り、それを組み合わせて、ひなの口と同じくらいの大きさの菱形の模型を作った。そしてそれを適当な高さの台に取り付け、ひなをよそへ移して空っぽにした巣の中へそれをいくつか置いた。

ひなのいない巣に親が帰ってきた。親鳥は迷うこともなく、マッチ棒で作られた黄色い菱形の中へ餌を落とした。

ティンバーゲンの推測はまさに当たっていたのである。巣の中にあったのは菱形だけで、ひなそのものはいなかったけれど、ひなのくちばしの作る黄色い菱形が、ひなの口の信号になっているのである。親はそのことを遺伝的に「知って」いる。巣の中にくちばしだけが、座っていることは、自然状態ではあり得ない。くちばしがあればそこには必ずひながいるはずなのだ。

こうして親鳥は、生まれて初めて見るひなにちゃんと間違いなく餌を与えることができる。

口の開け方と空腹の度合い

ただし、ちょっと心配なことがある。ふつう巣の中には何羽かのひながいる。ひなの位置は絶えず動いているから、親はさっきどのひなに餌をやったかなどわからないはずである。次々に餌をもらうひなと、ちっとも餌をもらえないひなができてしまうことはないのだろうか？

鍵《かぎ》はひなの口の開け方にあった。ひなが大きく口を開けたときの、真四角に近い菱形や、あまり口を開けなかったときの平たい菱形など、いろいろな菱形を黄色いマッチ棒で作ってみると、帰ってきた親鳥はいちばん真四角に近い菱形に餌を落とすことがわかった。つまり親はいちばん大きく口を開けているひなに餌を与えるのである。

一方、ひなの口の開け方は、ひなの空腹の度合いと関係している。おなかの空いているひなほど、大きく口を開けるのである。さっき大きな虫をもらってまだあまりおなかの空いていないひなは、少ししか口を開けない。親鳥は巣の中にいるひなの中で、いつもいちばん空腹のひなに餌を与えるようになっているのだ。

このように、きわめて単純で機械的な仕組みによって、親鳥はちゃんと、しかも公平にひなに餌をやり、子育てをしていくのだというのがティンバーゲンの結論であった。

小鳥たちがそれほど単純であるとは、今はもう考えられていない。けれど彼らの行動は、そのような遺伝的な基盤に立っているのだ。それは人間でも基本的には変わりはない。

田んぼのカエル

田植えの季節とアマガエル

今年も田植えの季節になった。

冬の間は休んでいた田の土はおこされ、耕《たがや》されて、水が張られる。夜、電車の窓から眺めていて、あれ、こんなところにこんな大きな池があったかな？　と一瞬いぶかるのもこの季節だ。

そしてこれを待っていたカエルたちが、次々と田んぼにやってくる。

やってくるのは主としてアマガエルだ。水に入ったアマガエルたちは、田んぼの隅で控え目にケロッ、ケロッと鳴きはじめる。

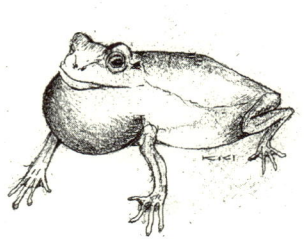

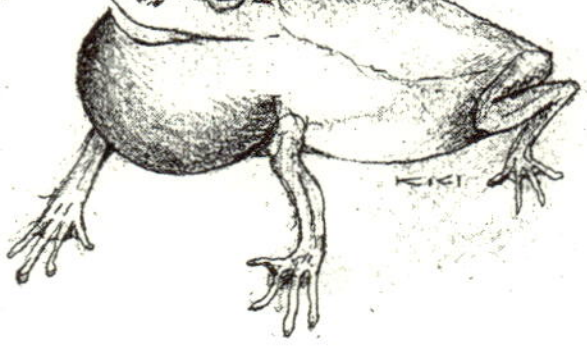

恋の季節「コーラス」の競演

田植えも終わり、整然と植えられたイネの苗が育ちはじめると、池は緑の田んぼになる。そして夕方、日が落ちると、カエルたちの声で埋めつくされるのだ。

あのカエルの「コーラス」は、じつはコーラスでも合唱でもない。カエルたちにしてみれば、あれは熾烈《しれつ》な「闘い」なのである。

初夏はアマガエルの繁殖の季節である。カエルにももちろんオスとメスがいるが、他のすべての動物と同じく、カエルのオスもメスも、それぞれ自分自身の子孫をできるだけたくさん残したいと「望んで」いる。オスは早くメスとペアになってメスに卵を産ませ、それに授精して自分の子を残したい。思うところは他の動物のオス、メスと同じである。

「いいオス」はどうしたらみつかるだろう。カエルのメスはそれを声で「判断」する。

オタマジャクシからカエルになって何年か生きてきたオスは、きっと丈夫で頭もいいオスにちがいない。そういうオスは、しっかりした声で鳴くだろう。メスは田んぼの一隅に座ってオスたちの声を聞き、そういう声のオスを選ぼうとする。動物における「メスによる配偶者選択」、いわゆるフィーメール・チョイスである。

そうなるとオスたちは、何がなんでも鳴かなければならない。のどの袋を精いっぱいふくらませて、必死で自分の声をアピールし、メスに選んでもらわねばならない。さもなければ自分の子孫は残せないのだ。

これが初夏の田んぼでのカエルのコーラスなのである。とてものどかなカエルの合唱などというものではない。ぼくはそこにしみじみとオスの悲哀を感じてしまう。

抜け駆けをするずるいオス

けれどオスも負けてはいない、という話もある。それは外国の別の種類のカエルで見つかったことである。

メスが鳴き声でオスを選ぶ点は同じだが、まだ若くてあまりしっかりした声で鳴けないオスの中には、いち早くそれを「自覚」して、鳴くのをやめてしまうのがいるというのである。そしてその若いオスは、しっかりした声で鳴いていて、あいつのところへはきっとメスが来るだろうと思われるオスを選び、そおっとそのオスに近づいていく。そしてその立派なオスに気づかれぬよう、その背後に黙ってじっと座っている。

やがてこの若いオスが予想したとおり、そこへメスがやってくる。するとこのずるい若いオスは、立派なオスがメスに気づく前に、すばやくそのメスの背中に跳び乗って、まんまとメスを乗っとってしまい、一緒に卵を産みにいくというのである。

日本のアマガエルにもこんなことをするオスがいるだろうかと、夜の田んぼで調べてみたことがあるが、結局はわからなかった。

カエルたちはどこへ

今、地球上の気候変化で世界のカエルが減っていくのではないかと心配されている。天然の池が浅くなり、その一方では大気中の紫外線が強くなるので、カエルの皮膚が障害を受け、伝染性の病気にかかりやすくなるかもしれないというのである。カエルたちの皮膚はデリケートにできているから、これはあながち研究者たちの取り越し苦労とはいえないかもしれない。

いずれにせよ、昔はどこにでもいたカエルたちが、近ごろはめっきり減っている。これは気候変化のせいではなく、われわれ人間の文明のなせる業であることはまちがいない。

陸の上のホタル

ゲンジボタルとヘイケボタル

六月といえばホタルの季節である。そしてホタルといえばきれいな水とだれもが思う。

だが昔からのこの思いは、必ずしもあたっていないのだ。

六月ごろに出るホタルは、ゲンジボタルとヘイケボタルである。源氏、平家という名がいつからつけられたか知らないが、夜の暗闇《くらやみ》の中を幻想的に光って飛ぶこの虫たちを見ていると、何か魔術のようなものを感じてしまう。

けれど魔術の虫はほかにもいる。名古屋城のホタルとして知られるヒメボタルもその一つだ。荒々しい合戦を連想させる源氏、平家でないこの「姫」は、六月でなく五月に

美しく舞う。

水の中で幼虫が育つのは例外的

ゲンジボタルとヘイケボタルは幼虫が水生なので、ホタルは水辺の虫だと思われてきた。だがヒメボタルの幼虫は陸生だ。つまり水の中ではなく、陸地の草むらの中にいて、カタツムリのような陸生の貝を食べて育つのである。

五月末に近いある日の新聞に、今年はヒメボタルの数が著《いちじる》しく減ったことが報道されていた。その原因は何と水である。東海地区に洪水をもたらした昨秋の雨が、ヒメボタルの発生地をも水びたしにし、幼虫を流し去ってしまったのではないかと、土地の人々は憂《うれ》えているのである。

そもそも「ホタルといえば水」というのは、日本独特の発想といってよい。世界には約二千種のホタルがいるとされているが、その大部分は幼虫が陸上にすんでいる。日本にいる四十五種ほどのホタルのうち、幼虫が水の中で育つのは、ゲンジボタルとヘイケボタルだけである。いや最近沖縄でもう一種みつかったというから、それを合わせて三種。四十五種のうち三種だけが、水辺のホタルであるにすぎない。

東南アジアにはマングローブ地帯にすみ、有名な集団発光するホタルがいる。このようなホタルの幼虫はたぶん水生なのだろうが、その生活はまだあまりよくわかっていないらしい。ヨーロッパやアメリカのホタルは、すべて幼虫が陸地の草むらで育ち、カワニナやタニシではなく、カタツムリの仲間や地上の虫などを食べている。

光のウインク、飛ぶのはオスだけ

何年か前、「とべないホタル」（映画のタイトルは「勇気あるホタルととべないホタル」）という日本のアニメ映画を見た。うまく飛ぶことのできないホタルをみんなが助けて旅をするという、とても感動的な作品だった。

けれど多くのホタルでは、飛ぶのはオスだけなのである。メスは幼虫と同じような姿をしていて、羽もなく、地上を歩いている。そして夜になると、腹の先の発光器に光を灯《とも》らせる。オスはそれぞれの種ごとに異なる発光パターンで光りながら、それに対するメスの応答の光を求めて飛びまわる。そして自分の種のメス特有の光を地上にみつけると、そのメスのところに舞い降りて交尾する。

英語でホタルのことをファイアーフライ（firefly）というが、ファイアーフライの多くはこういうホタルである。つまりファイアー（光）をつけたフライ（飛ぶ虫）はオスだけなのであって、メスは地上にいるのである。飛ばないメスは、英語ではファイアーフライではなく、グローワーム（glowworm）、つまり「ほんのり光る虫」と呼ばれている。

光らないホタルはフェロモンで

ファイアーフライということばにも、じつは思いちがいがある。日本語のホタルという名前も「火垂《ほた》る」からきたといわれるが、もしそれがほんとうなら、これも思いちがいである。なぜならオスもメスも光らないホタルがたくさんいるからである。初夏の山で昼間に飛んでいるオバボタルの仲間もその例だ。こういう光らないホタルは、匂《にお》いつまりフェロモンによってメス・オスが出合う。

けれどふしぎなことに、こういう光らないホタルでも、幼虫のときは光るものがいる。夜、カタツムリを探して草の間を歩いていきながら、ときどき腹の先から青白い光を放つのである。きっと敵を驚かすためだろうと思っていろいろ調べてみたが、結局はわからなかった。

それにしても、ホタルはぼくの大好きな虫の一つである。貝のすめる水、いろいろなカタツムリのすむ草むら、そして土。ホタルにはほんとうに幅広い自然が必要なのだ。

ヒミズ　餌探しのふしぎ

「クモの狩人」ベッコウバチ

京都も町の中心部から少し離れると、生け垣や植え込みに囲まれた家が多くなる。そしてそのまわりには、いろいろな草がなんということなく生えた、あまり人手の入っていない空間が道路沿いに残っている。

道を歩きながらそんな場所にふと目をやると、えっ、こんなところに？　と思うような虫が何かを探していることがある。ついこの間の暑い日には、ベッコウバチがいた。その名の通りべっこう色をしたはねをもつ、かなり大きなハチである。

ハチだから刺されたら痛いはずだが、無理につかまえようとでもしないかぎり、ベッコウバチがぼくらに襲いかかってくることはない。このハチはクモの狩人で、クモを探

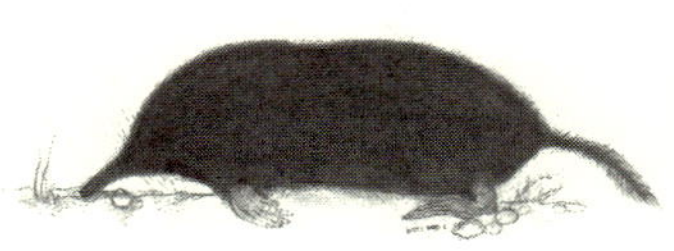

して歩きまわっている。草の間に張られたクモの巣をみつけると、ハチはさっと近寄って、一瞬のうちにクモの体を刺し、自分が子育てのために掘った穴へ運んでいく。

どうやってクモをみつけるのだろう？　ハチの目ってそんなにいいのだろうか？　それとも匂《にお》い？　クモ特有の匂いでもあるのだろうか？　夏になるとたいてい一度か二度は目にするベッコウバチを見るたびに、ぼくは今もふしぎに思っている。というのも、動物たちはぼくらが予想しないやりかたで自分の目ざすえものをみつけるからである。

目は皮膚の下に埋まったまま——ヒミズ

モグラの仲間でヒミズというのがいる。日見ずモグラという意味で、目はあるのだが、完全に皮膚の下に埋まってしまっている。みんなが知っているモグラよりずっと小さく、体長五センチぐらいしかない。モグラと同じく、地面の下の浅いところにトンネルを掘ってすんでいるが、餌は地上に出てとる。

餌は昆虫やミミズである。地上でこういうえものを探すのは夜、昼に関係ないらしいが、たとえ昼でも目で探すわけにはいかない。

では匂いかというとそうでもない。長く尖《とが》った口先をたえずヒクヒク動かしているから、さかんにあたりの匂いを嗅《か》いでいるようにみえるが、それでえものの匂いを感知してそこへ走っていくというわけでもないらしい。
ぼくはずっとふしぎに思っていたが、今泉吉晴氏に教えてもらって、やっと合点がいった。

匂いの跡を口先で探しパクリ

今泉氏はこんな実験をしてみたのである。

ヒミズには虫（ミールワーム）を与えて飼っていたが、少し離れたところにミールワームを置いてやると、ヒミズはなかなかそれをみつけられない。口先をヒクヒクさせながら床の上をあっちへいき、こっちへいきしている。よく見ていると、ヒクヒクする口先でたえず床をたたいていることがわかった。そこで今泉氏は、ピンセットでミールワームをつまみ、床の一隅《ぐう》から反対の隅《すみ》まで、ずっとひっぱっていってそこに置いてみた。

そしてヒミズを床においてやると、ヒミズは口先を床につけてヒクヒクやりながら、あちらこちらと歩きまわる。どこかにえものがいることはわかっているらしいが、どこにいるのかはわからないようだ。

ところがミールワームをひきずっていった跡に偶然口先が触れたとたん、ヒミズは口先でその跡をすばやくたどっていって、あっという間にミールワームにいきついて食べはじめた。

　つまりヒミズは、えものが地上を歩いていった匂いの跡を口先で探し、それをたどってえものをみつけるのである。

「困惑」したヒミズ

　そこで今泉氏はちょっと意地の悪いことをやってみた。床の中央に紙を一枚置いておき、床の一隅から他の隅へ、その紙の上を通るようにミールワームをひきずっていって、それからその紙を取りのけてしまったのである。

　床に放されたヒミズは、早速口先でヒクヒク床をたたきながら歩きまわりだした。そしてミールワームの通った匂いの跡にぶつかると、さっと走るようにその跡をたどった。ところが紙が取りのけられたところまでくると、匂いの跡は消える。ヒミズは困惑してまたヒクヒク探しをはじめた。そして偶然もう一方の匂いの跡にぶつかったとき、ヒミズはたちまちにしてミールワームにいきついたのである。

　今泉氏からこの話を聞き、実験の結果を見せてもらって、ぼくはしみじみ驚いた。世の中にはじつにふしぎなえものの探しかたというものがあるのだなあと。

寄生って大変

体の中に入りこんで中から食べる動物

テレビや本などでよく知られているとおり、動物はいろいろなえものをつかまえて食べる。何をえものにするかもさまざまなら、どうやってつかまえるかもさまざまである。前回述べたヒミズは、虫の歩いた跡を口先でたどっていって虫をつかまえる。

けれど、えものをつかまえて食べるのではなく、えものの体の中に入りこんで中から食べようという動物もいる。他の動物の体内に入ってしまうのだから、そういう動物はえものより小さくなくてはならない。ライオンがガゼルやシマウマの体内に入りこむことができないのは、だれが考えてもすぐわかるとおりである。だからもともと体の小さい昆虫には、こういう食べかたをするものがたくさんいる。

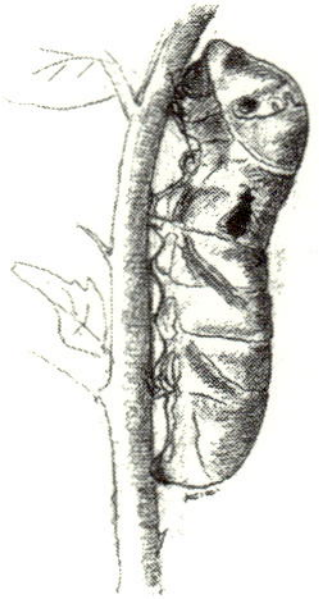

宿主の体をバリバリ食べる捕食寄生者

他の動物の体内に入って、ということはつまり「寄生虫」になることである。寄生虫といえばすぐ思い出されるのはカイチュウだろう。カイチュウは人間や犬、猫などの腸の中に寄生して、腸の中で消化された食物を食べている。ふしぎなことにカイチュウ自身は消化されることはない。体が堅いガラスのようなものでおおわれているからだ。

卵は人間の便とともに人体外へ出る。それがやがて土ぼこりにまじってそこらじゅうへ飛ぶ。そういうほこりのついた野菜などを食べると、カイチュウの卵は再び人間の腸の中に入り、そこで孵《かえ》って寄生生活がはじまる。

昆虫にも寄生生活をするハチやハエがたくさんいて、寄生バチとか寄生バエとか呼ばれている。

けれど、寄生バチや寄生バエは、カイチュウなどとはいろいろな点で決定的にちがう。これらの昆虫たちは、成虫ではなく幼虫が他の動物の体内に入りこむ。しかも、円虫類のカイチュウが人間という哺乳《ほにゅう》類にとりつくのとはちがって、同じ昆虫類の他の種類の昆虫に寄生することが多いのだ。いってみれば、人間と同じ仲間の哺乳類である小さなネズミが人間の体内に寄生するのと同じことである。

その上、寄生バチや寄生バエは、寄生した動物（宿主）の腸の中で栄養を盗むのではなく、宿主の体そのものを中からバリバリと食べていく。ただし、腸とか神経とか気管とか、宿主の生存にたちまちかかわる部分には手をつけない。そのため宿主は、外から見たところは何の異常もないままに、体を食われていくのである。なんとも怖いことだ。

カイチュウのように宿主の栄養を盗むだけで、宿主の体を食ってしまうわけではない「本当の」寄生虫とは、宿主はなんとか共生していくことができる。最近よくいわれているカイチュウの一匹や二匹はいたほうがいいという寄生虫との共生論も納得できるところがある。

宿主の体をバリバリ食べてしまう寄生バチや寄生バエは、本当の意味での寄生虫ではない。つかまえて頭から食べるのではなく、中から食べるだけのことである。えものを捕らえて食べる捕食者と、基本的にはちがいはない。そこで寄生バチや寄生バエは、「捕食寄生者」と呼ばれている。

宿主探し――〝僥倖〟法と〝待機〟法

本当の寄生虫にもいろいろな悩みがある。たとえば、どうやって宿主にとりつくか。

彼らはふつう何万という卵を産み、そのどれかが運よく宿主にとりつける僥倖《ぎょうこう》をあてにしている。

捕食寄生者である寄生バチや寄生バエは、こんな頼りない方法は使っていない。しかしその分だけ、彼らの親たちは大変になった。

寄生バチや寄生バエの親たちは、自分の卵を産みつけるべき宿主を探す。相手は同じく昆虫の仲間であるから、あちこちと動きまわったり、木の幹の中に身をひそめたりしている。それをみつけださねばならない。相手によってはすばやく逃げ、あるいは防衛する。それに打ち勝って相手の体に自分の卵を産みつけねばならない。その戦略はじつにさまざまである。

アゲハチョウなどのサナギの中で幼虫が育つアオムシコバチという寄生バチは、成長しきったアゲハの幼虫がサナギになるまで、その体にじっととまり、幼虫が脱皮してサナギになるのを待つ。いよいよサナギになると、親バチはまだやわらかいその皮膚に短い産卵管を刺しこんで卵を産む。その卵から孵《かえ》ったハチの幼虫はサナギの体を食いつくし、アゲハチョウのサナギからは、たくさんのコバチが生まれてくるのである。

冬の準備

冬の訪れをいかにして知るのか

十月も下旬になると、もう冬も近い。富士山にはとっくに雪が冠《かぶ》ったし、北国では冬の寒さに備える季節である。四季のある温帯に住んでいる以上、人間にとっても人間以外の動物たちにとっても、事情はまったく変わらない。

われわれは月日のカレンダーをもっているから、そろそろ冬が近いことは日付を見ればわかる。けれど気候は必ずしも日付どおりには推移しない。もう秋が深いのにいつまでも暑かったりするし、かと思うと急に寒くなったりする。動物たちはどうやって冬のくることを知るのだろうか。

それは今ではよく知られているとおり、日の長さの変化によるのである。

一年じゅうでいちばん昼の長い夏至を過ぎると、日は次第に短くなっていく。多くの動物たちはこの日の長さが一定値より短くなると冬への準備を始めるのである。

食糧対策――サナギで休眠

その合図となる日長は、日本の多くの昆虫ではだいたい十二時間四十五分ぐらいである。虫たちは日の出前と日没後の明るさ（薄明、薄暮）も昼間として感じているから、十二時間四十五分の昼間というのは、ほぼ秋分の一週間ぐらい前にあたる。たとえば、そのころに育ったアゲハチョウの幼虫は冬を越すことを予定した休眠サナギになり、十月や十一月にどんなに暖かい日が続いても迂闊《うかつ》に親のチョウになったりはしない。

動物たちにとっては冬は寒いだけではない。生きていくのにいろいろと困ったことがある。それについてはいずれ述べるつもりだが、とにかく冬は食べものがなくなる。寒くて植物が育たないから、草木の葉を食べている動物たちは困る。花も咲かないから、花の蜜《みつ》を食物にしている虫たちも困る。そこでたいていの虫はどこかで冬ごもりに入ってしまう。

虫たちがいなくなると、虫を食べる動物が困る。虫を食べる動物が困ると、そういう動物を食べる動物が困る。

かんたんにいえばそんなわけで、動物たちはこの冬を乗りきる手だてを「考え」ねばならなくなる。

いちばん手っとり早いのは、冬にはものを食べないですむようにすることだ。多くのチョウがサナギのままで冬を越すのもその一つだし、多くの虫が卵から孵らないでいるのも同じことだ。

けれど、堅くて丈夫なからをもったサナギや卵になれる昆虫たちはいいとして、親になって何年も生きる鳥やけものやカエルやトカゲはそうはいかない。

冬眠をする哺乳類

変温動物であるカエルやトカゲはまだやりようがある。冬になって寒くなると体温も下がって体の活動も止まり、ものを食べなくてもよくなるから、秋のうちにどこか適当な場所をみつけ、そこでじっと眠っていればよいのである。それが冬眠だ。

けれど鳥は困る。鳥はひじょうに活発な動物で、体温も人間より高い。そしてそういう状態でこそあのように空を飛んだり餌をついばんだりできるような動物だから、体温が下がってしまったら生きていかれない。そこで彼らの体にはさまざまなしくみが備わっていて、寒い冬にも何とか活動していられるようにできているのである。

けものたちも同じである。けれどけものたちの中にはずるいことをするのがいる。カエルやトカゲのまねをして、冬眠してしまうのである。リスやヤマネとかがそういうことをする。けれどそのためにはやはりそれなりのしくみが要《い》る。自分で自分の体温を下げるしくみである。人間にはそれができない。だから冬の山ではしばしば凍死する。大きな手術のためや、あるいは寿命を延ばすために、人間を人工的な冬眠状態にさせられないかという研究もおこなわれた。だが今のところあまり成功していないようである。

リスたちの冬越し作戦

けれど冬に体温を下げて眠っているリスのような動物も、ときどきは目がさめて体温が上がる。そうすると、腹がへって何かを食べたくなる。そのためにリスは、冬ごもりに入る前に食べものを蓄《たくわ》える。

蓄える食べものは、草とかドングリとか動物によってさまざまである。ぼくが昔読んだシートンだったかの本に、リスは毒キノコまで蓄えると書いてあった。毒キノコでも、木の上に並べて日に干しておくと、毒は消えてしまうのだそうである。ほんとかどうか、ぼくは知らない。

虫たちの越冬

冬の乾燥がこわい

いよいよ十一月も終わりに近くなった。冬でも体温を保って元気にしていられる鳥やけものたちのような温血動物はべつとして、虫たちのようないわゆる変温動物はたいていどこかへ姿を消してしまった。

たしかに冬は寒い。

けれど動物たち、とくに昆虫たちにとって、寒さそのものはそれほどこわいことではないのである。

彼らが恐れているのは、まず冬の乾燥である。

冬は水分が凍ってしまう。雨は雪になり、たまった水は氷になる。したがって空気中

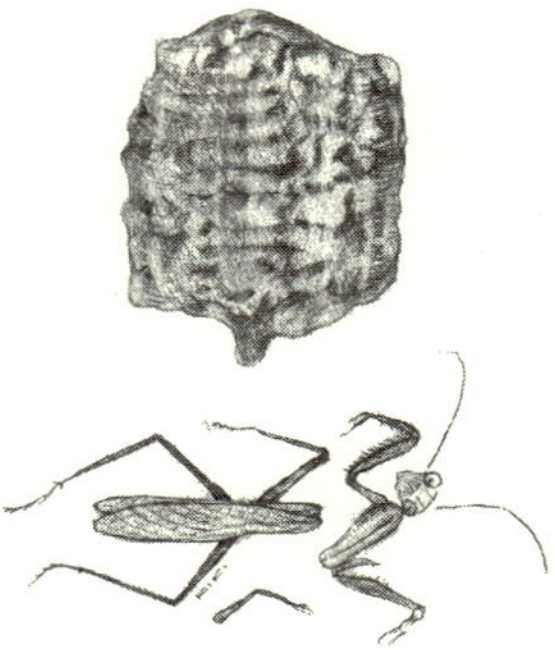

の水分は少なくなり、空気は乾燥する。

冬の乾燥は人間の肌をかさかさにするが、小さな虫にとっては命にかかわる恐ろしいことである。そこで虫たちは冬は土の中にもぐったり、厚くて丈夫なまゆにこもったりして乾燥を避ける。あるいは堅いからのある卵やサナギとして冬を越す。

冬の水分が氷になることがこわい

ところがもう一つこわいのは、これとは正反対に水である。

じつをいえば、水そのものはこわくはない。暖かいときなら虫は雨で体が濡《ぬ》れても困ることはない。けれど寒い冬には体についた水はすぐ氷になる。この氷がこわいのだ。体のまわりに氷ができると、氷は口などから虫の体内に侵入してきて、小さな体の中の水分がたちまちにして凍ってしまう。

だれも知っているとおり、水が凍るときは体積が増す。だから体が凍ると体をつくっている一つ一つの細胞が破裂してしまう。細胞が破裂したら虫は生きてはいられない。

ただし虫たちの体の中の水分は、もちろん純粋な水ではない。人間の体内の水分と同じく、いろいろなミネラルを含んでいる。だから気温が零度に下がっても凍ることはない。気温が氷点下になっても大丈夫である。

そればかりではない。かなり前からわかっているとおり、虫たちの体液（体の中の水）には、一種の不凍液として働くいろいろな有機物が含まれている。だから温度がかなり下がっても凍結しない。

さらにその上にもう一つのことがからまっている。これは虫の体に限ったことではないのだが、液体は本来なら凍ってしまう低温になっても、凍らずにいわゆる「過冷却」という状態になって、液体のままでいることがある。そこに何かショックが加わったり、氷のかけらがとびこんできたりすると、過冷却の液体はとたんに凍ってしまうのだ。

冬、多くの虫はこのような過冷却状態にある。マイナス一〇度ぐらいの寒さなら、動くことはできないが死ぬことはない。じっと寒さに耐えて生きていられる。けれどこわいのは体のまわりに氷ができ、それが引き金となって体が一瞬にして凍ってしまうことだ。

そこで虫たちは、とにかく水に濡れないようにする。木の皮の下にもぐりこんだり、まゆをつむいだりするのもそのためだ。

木の皮の下にもぐりこんでいれば温かいというわけではない。直接に風があたることはないだろうが、気温の低さはどうにもならない。いくら絹糸でしっかりまゆをつくっても、それで温かくなるわけでもない。

カマキリの冬越し作戦

カマキリは秋に卵を産んで死ぬが、卵を産むときは尾端から粘液を出し、それを巧みにかきたてて泡だてる。そしてその中へ何十個かの卵を産む。泡が固まるとあのふわふわした卵嚢《らんのう》になる。卵はその中に収まっている。

ふわふわした卵嚢はたしかに断熱効果はある。冷たい風によって卵から熱が奪われることはないだろうが、われわれが冬、セーターやコートを着て寒さを防ぐのは、われわれが体の中から熱をだして体温を保っているからだ。その熱が冷たい風で奪われていくのを衣服で体を包んで防いでいるのである。

カマキリの卵は自分で熱をつくりだしたりはしない。一見温かそうな卵嚢に包まれていても、温かくなるわけではない。卵に直接水がかかったり、氷が付いたりするのを防いでいるだけだ。

まゆにしても同じことである。水や氷が直接に体に触れないようにしているだけで、温かさを保ってくれるわけではない。少なくとも日本では、過冷却状態で冬に耐えている虫たちにすればそれでほぼ十分なのである。

冬の寒さを意に介さない虫たち

昆虫たちのさまざまな冬の戦略

もう十二月も残り少なくなった。今年もあと何日か。テレビの気象情報を見れば、北海道・東北はもう雪だ。北陸も雪マーク。いよいよ冬になったなあ、と思う。動物たちはもうみんな冬の乾燥と凍結を避けて、どこかへ冬ごもりに入ったようだ。

けれど動物たちの生きかたは多様である。とくに昆虫たちの冬の戦略はじつにさまざまだ。この年末の、寒い季節になって、まだ冬でない、いや冬こそ大切だという虫たちがたくさんいるのである。

しかもそれは、今話題の地球温暖化のせいではない。温暖化などおこっていなかった時代から、冬の寒さなど意に介さない虫たちがいたのである。

冬に花を咲かせる植物――ヤツデとビワ

ぼくがまだ小学生だったころ、もう十二月になろうかというある日、ふとヤツデの花が咲いているのが目に入った。花といっても一目でわかる花らしい派手な花ではない。花びらもごく小さな花だが、その雰囲気からして、ぼくにはそれが花であることはすぐわかった。

それは初冬とは思えぬ晴れた日であった。その日射しを浴びたヤツデの花には、たくさんのハエやハナアブが集まってきていた。そして、ブーン、ブーンとかすかな羽音をたてながら、花から花へと移っては、次々と蜜《みつ》を吸っているのだった。それは夏の花での光景と同じであった。

十二月も終わり、もう年も改まってほんとの真冬になったころ、ぼくはもっと驚く光景を見た。それは近くの家の塀から伸びだしているビワの木の枝先であった。

ビワの木はヤツデよりずっと背が高いから、ぼくの見たのはいちばん低い枝の先だった。そこには何と、この真冬なのに花が咲いていたのである。

ビワの花も地味な花だ。けれどその日も東京は天気がよかった。降りそそぐ冬の日射しの中で、花にはたくさんのハエやハナアブが、まるでお祭りでもしているかのようにひしめきあって、元気いっぱいで蜜を吸っていた。これが真冬のできごととは到底思えなかった。

冬の白馬岳、大雪渓の雪上を歩く虫の謎

ある虫たちにとって、冬は冬ではないのだなという思いを、それ以来ぼくはもつようになった。

毎年冬になるとどうしても思いだしてしまうのが、前にも書いたセッケイカワゲラのことである。

話せば長いことながら、とにかくぼくが中学一年で北アルプスの白馬岳を登ったとき、大雪渓の雪の上を一生けんめい歩いている小さな黒い虫たちに気がついた。

それがセッケイカワゲラという昆虫であることは帰ってきてわかったが、彼らがなぜあんな雪渓の上をせっせと歩いているのかがやたら気になった。そもそもどこからきて、どこへいこうとしているのか？　雪の上に食べものはあるのか？

長年の疑問が解けた!!　沢の上流へ

疑問は解けずじまいのまま二十数年が過ぎ、ぼくは京大動物学教室の先生になってい

た。ある年、卒論指導希望の学生がきた。名古屋出身の幸島司郎君だった。「ぼくは山岳部（山岳会）の部員なので、いずれヒマラヤへいけるようなテーマが欲しい」という。それならあれだ！　ぼくはセッケイカワゲラが何をしているか調べてみたら？　と彼にいった。

それから紆《う》余《よ》曲折《きょくせつ》のしごとが始まった。セッケイカワゲラはじつは低い山にもいる。京都に近い比良山系で幸島君は根気よく調べた。わかったのはじつに驚くべきことであった。

十二月のはじめ、山に初雪が降りだすころ、沢の水の中にいたセッケイカワゲラの幼虫たちは、成虫になって沢から出てくる。成虫になってもはねはない体長一センチに満たぬこの小さな黒い虫は、山に積もった雪の上を六本足でせっせと歩いていく。曇りの日や雨、雪の日は雪の中にかくれ、晴れた日に太陽コンパスに導かれてひたすら沢の上流を目指して雪の上を歩く。それは幼虫の間に流されたぶんをとり戻して、できるだけ上流に卵を産むためである。小さな虫でも雪の上は歩きやすいのだ。

セッケイカワゲラにとって、真冬は大切な卵を産むしかるべき場所を求めて歩く、一世一代の大事業の季節なのである。

四季と常夏

クイズ――「沖縄の子どもたちが見たいもの？」

先日、名古屋では大雪が降った。積雪量一七センチというから、東北、北陸のような雪国ではたいした雪ではないだろうが、名古屋で、しかも一月にといえば記録的なことである。

沖縄の子どもたちが一度見たいと思っているものは何か、というクイズがテレビであった。答えは「雪」と「高山」と「電車」だった。たまたまその番組を見ていたぼくは、かつてインドネシアから日本にきていた留学生が、最初の冬、降ってきた雪の中で躍りまわって喜んでいたのを思いだした。

冬の日本では、インドネシアのような「常夏《とこなつ》の国」が羨《うらや》ましく思える。

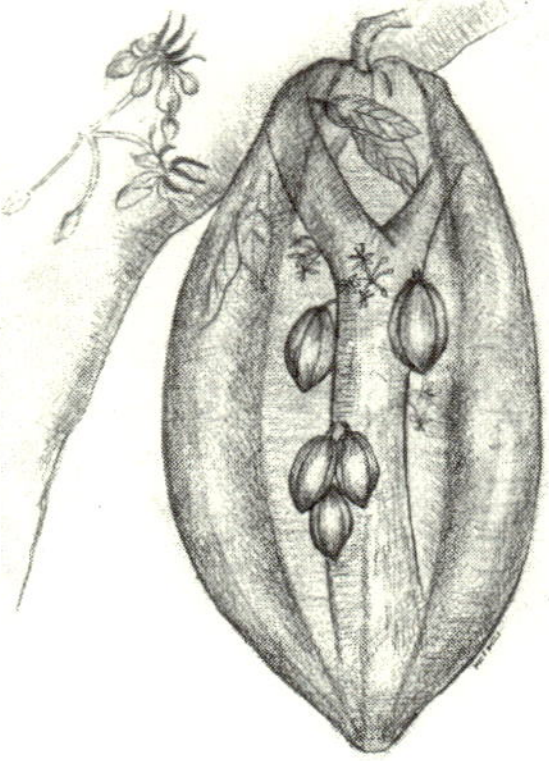

昔、東マレーシアのサバ州（旧ボルネオ）で調査研究をしていたころは、日本の真冬にオーバーを着込んで飛行機に乗り、サバ州の州都コタキナバルで降りてさっそく半袖《そで》シャツに着替え、それでも汗を流していたことがよくあった。常夏の国ということばを身にしみて感じたことであった。

常夏の国の季節的サイクル

けれどほんとうに常夏の国なんていうものがあるのだろうか？　ボルネオでの経験が多少ふえてくると、ぼくにはそれが疑問になってきた。

サバ州、サンダカン郊外のココア園で研究をしていたことがある。ココアの木カカオは変わった木だ。花は八月ごろ、枝先にではなくて、幹や太い枝につく。それが実になると、濃い緑色のラグビーボール形の果実が、幹にいくつもぶら下がることになる。

果実は半年近くかけて次第に大きくなっていき、十二月ごろになると熟して黄色くなる。そうなったらそれを集めて処理場へもっていき、中にたくさん入っている大きな種子をとり出して、一週間ほどかけてゆっくり焙《い》る。すると種子の中の胚乳《はいにゅう》が黒く乾いて、強いココアの香りがしてくるのである。

ココアの木に花がつき、実ができてそれが熟するこの季節的サイクルは、かなり厳然ときまっている。一年じゅう暑い「常夏の国」であるのにだ。

ココアの実をねらうもの、花を食べるもの

ココアは熱帯の重要な換金作物であるが、当然ながらいろいろな害虫がつく。その一つはココア・モスという小さなガだ。ココアの果実がまだ若いとき、このガは夜、ココア園の中を飛びまわって実にとまり、その表面に卵をいくつも産む。卵から孵《かえ》った幼虫はまだ柔らかい実の皮に穴をあけて中にもぐりこみ、内部を食い荒らす。大事な種子も食われてしまい、じつは外から見ればかなり大きくなっているのだが、中はぐじゃぐじゃでココアとしての価値は皆無となる。

ココア・モスのガが若い実に卵を産むのは、当然一年のうちの一定の季節である。他の季節には卵を産むべき若い実はない。ココアの木も、ココア・モスも、どうやって季節を知るのだろう。

ココアの木には奇妙な毛虫もつく。ドクガの仲間の幼虫らしいのだが、何とココアの花を食ってまわるのである。花を食われてしまったら実はできないから、これはココアにとっては重大な害虫だ。この害虫がでてくるのも、ココアの花が咲く季節だけである。ほかのときにこの虫がどこでどうしているのやら、だいぶ調べたけれど、結局のところわからなかった。

ココアだけでなく、マンゴーとかドリアンとかたいていの果実も九月から食べごろになる。七月や八月には、ほとんど果物はない。常夏の国はいつもおいしい熱帯果実が熟れているわけではないのである。

熱帯には冬も夏もない。太陽はほとんど一年じゅう真上から照らしており、日長（昼の長さ）も一年中ほぼ十二時間で、季節によって日が長くなったり短くなったりすることもほとんどない。日本のような温帯地方では、動物も植物も日長の変化で季節の移り変わりを予知している。熱帯ではその手だてがない。

けれどそのような土地の生きものたちも、ちゃんと季節を知っている。季節は乾期、雨期、モンスーンといった気象的な変化として表れるが、生きものたちにしてみればそれを予知する必要がある。

それは大変なことであろう。日本のようにはっきりした四季があることは、生きものたちにとってはありがたいことなのかもしれない。

虫と寒い冬

虫たちは冬の寒さにじっと耐えているのか

このところ少し暖かいかと思っていたら、今日はまたおそろしく寒い。というような日がつづきながら、一月、二月と冬は過ぎてゆく。どこかで冬眠している虫たちも、そんな思いでじっと寒さに耐え、春のくるのを待っているのだろう。昔はだれもがそう思っていた。

たしかにそういう虫もある。けれど多くの昆虫たち、特に日本のような温帯にすんでいる昆虫たちは、もっとしたたかにできているらしいのである。

かつてから暖冬の年というのがあった。暦の上では冬なのにこれが冬かと思うほど暖かい日がつづく。人間にとってはありがたい。けれどそういう年は、春になって何か少

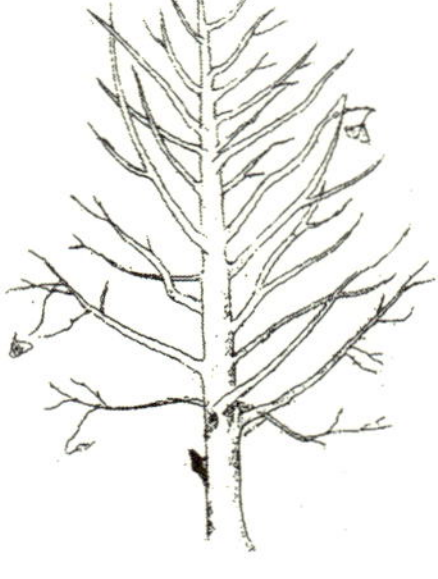

し変であった。春がきたら虫たちが一斉に姿を見せるはずなのに、どうもそうならない。虫たちの出現がばらついたり、でてきた虫たちが、どことなくひ弱いように思えるのだ。

べつに暖冬の年とは関係なく、実験室の中でおかしな経験をした人もいる。年の暮れとか正月早々にチョウを飛ばしてやろうと思って、本格的に寒くなりだした十二月ごろ、アゲハチョウのサナギを温めてやると、ふしぎなことにいつになってもチョウにならないのである。

一定期間の「寒さ体験」が不可欠!?——休眠間発育

春先、寒い冬がもう終わりかけたころ野外で見つけたアゲハのサナギを温めてやれば、ほぼ二週間でみんなチョウになる。ところが冬のはじめにとってきたサナギをずっと温かいままにしておいてやると、一カ月、二カ月たってもチョウにならないのだ。

もしかすると、虫たちは冬の寒さにじっと「耐えて」いるのではなくて、寒さを必要としているのではないか？　つまり、たとえば冬眠しているサナギがチョウになるためには、一定期間の寒さを体験することが不可欠で、その間に虫は、「休眠間発育」とでもいうべき特別な発育をしているにちがいない、ということだ。

研究者たちがこう考えるようになったころ、当時、東京大学理学部の動物学教室にいた茅野《ちの》春雄さんが、みごとにこれを証明してくれた。

卵の中でグリコーゲンが消えた!!

夏か秋、交尾をすませたカイコのガが産んだ休眠卵を、そのまま二五度という暖かいところに置いておくと、卵はいつになっても孵《かえ》らない。

そういう卵の中で何がおこっているかを知ろうとして、茅野さんは卵の中にあるいろいろな物質の量の変化を測った。目ざましいのはグリコーゲンであった。グリコーゲンはだれでも知っているとおりグルコース(ブドウ糖)が多数連なった栄養源である。卵が生まれて一、二週間すると、それまで卵の中にあったグリコーゲンがほとんどなくなってしまうことに、茅野さんはまず驚いた。いったいどこへいってしまったのだろう。堅い卵のからの中でおこっていることだから、外へ捨てられたわけではない。何かべつの物質に変化してしまっているにちがいない。茅野さんはそれを探った。

冷蔵庫で寒さを体験させる実験

するとわかった。グリコーゲンはある種の糖アルコールという物質とグリセリンとに分解してしまっていたのである。この二つの物質は栄養源にはならない。だから卵はいつになっても孵れないのである。

そこで茅野さんは、この卵に一冬を「過ごさせて」やった。つまり冷蔵庫に入れて寒さを体験させてやったのである。

すると、冷やされてしばらくたつと、糖アルコールとグリセリンが、またもとのグリコーゲンに戻っていきはじめたではないか。そして冷蔵庫の中で一カ月もすると、グリコーゲンははじめの量の半分ほどに回復していた。このころの卵を温めると、卵の半分ぐらいは辛うじて孵化《ふか》した。

冷蔵庫で二カ月たった卵では、グリコーゲンは完全にもとの量に戻っており、温めると一斉に元気な幼虫が孵化してきた。

つまり寒さを体験することは、発育可能な状態になるために不可欠なことだったのである。

茅野さんのこの研究はもうずいぶん昔のことになった。しかしこれに勇気づけられた人々が、他の昆虫についての研究に取り組み、冬の寒さが虫たちにとってどういう意味をもっているかがわかったのである。

春を数える

冬になっても暖かい日がつづく

今年に入ってからは、暖かい日がつづいている。一月の名古屋の大雪で、この冬も寒くなるぞと心をひきしめたのも束《つか》の間、それからはふしぎなほどに暖かい。

ヨーロッパは寒いと聞いたけれど、一月下旬に行った中国でも、北京は今年は暖かいと言っていたし、冬は零下一〇度以下になりますよ、といわれてその覚悟と用意をしていった蘭州（中国、甘粛省の省都）でも、それほど寒いとは思わなかった。

二月になって、「空《から》っ風」の前橋や、「雪の北陸」の金沢や、わざわざ滑り止めのついた靴をはいて北海道の札幌へ行ったけれど、半分期待していた空っ風も雪もほとんどなかった。

でもそのうちきっとまた寒さがきますよ、三月にはたいていどさっと雪が降るものだし、このまんま春になるとは思えませんものね、などという会話をかわしている間も、相変わらず暖かい日がつづいていて、とうとう三月も中旬になってしまった。そして、今年の桜は一週間から十日も早いでしょう、などという情報がテレビで流されるようになった。ぼくの家の桜の枝にも、朝小鳥たちがやってきて、例年になく早くふくらみだしたつぼみをつついている。

春の数えかた——長い間温度をチェック

動物たちは春の到来には敏感に反応する。冬が暖かい年には木々は例年より早く芽ぶき、つぼみをふくらませる。草も早々に春の芽を伸びださせる。そして虫たちも。

それらは彼らがある方法で春のくるのを「数えて」いるからであるが、くわしいことはぼくのエッセー集『春の数えかた』（新潮社）にゆずることにする。

とにかく彼らは、ちゃんと春がきたら一日でも早く活動を始めたい。自分の子孫をできるだけたくさん残すには、ぜひともそうでなければならない。だから彼らは春のくるのをちゃんと数え、ほんとに春になったらいち早く花を咲かせ、卵や子を産むのである。

けれど話はそれほど単純ではない。

前にも書いたとおり、多くの生きものたちは冬眠をする。冬は彼らにとって真に恐ろしい季節であり、うかうかしていたら死んでしまう。死んでしまったら子孫も遺伝子も残らないから、生きものたちは冬に対しては慎重に準備する。栄養の貯《たくわ》えもせねばならぬ。たまたま寒さが早くきたりでもしたら大変である。だから彼らは、年によって気まぐれに変動する温度などは頼りにせず、天文学的確実さをもっている日の長さで冬の到来を予知するのだ（四四ページ）。

同じように、生きものたちは春についても能天気ではない。冬の最中にたまたま暖かい日が何日かつづくこともあろう。そんなとき、暖かさにつられて親になったり、卵から孵《かえ》ったりしてしまったら大変だ。そこで多くの生きものたちには、冬がどれくらい終わっているかをチェックするしくみがそなわっている。先に書いたカイコの場合でいえば、十分に寒さを経験しなければ、たとえ暖かさがつづいても卵から孵れないようになっているのである。

そして三月がきて多少暖かくなってきても、ほんとうに春がきたかどうかを確かめるために、彼らはある一日だけの温度ではなく、長期にわたる温度の積算をする。

花の狂い咲きは例外

植物の中には多少ルーズなものもあるらしい。新聞などで真冬に花の狂い咲きがしばしば報じられるのはそのせいだろう。けれど狂い咲きはたいていは一枝か二枝で、木全体の花が満開になることはない。早まった花が次の寒さでしおれても、木そのものは無事である。

植物とちがって体まるごとで動きまわり食物を探し歩かねばならぬ動物は、その点ではずっと厳しい状況にある。

彼らは食物となる植物の在否を予知せねばならず、それを手に入れる動きができるかどうかを予測せねばならない。たとえ食物があってもそれを食べて成長できるかどうか、成長して親になったとき、卵を産むべき草があるか、他の動物に寄生する虫なら、宿主がうまく寄生できる状態にあるかなど、それぞれの動物によってさまざまなことを計算に入れておかねばならない。だから動物たちは何となく春めいてきたから動きだすというほど、呑気《のんき》にはできていないのである。

チョウたちの〝事情〟

裏高尾——春のチョウを求めて

毎年今ごろの季節になると、春のチョウたちを求めて歩き回った山を思い出す。その始まりはぼくが小学生だったころのことである。

当時ぼくは東京の渋谷に住んでいた。たまたま知り合った宮川澄昭さんという近くの昆虫好きの歯医者さんから、チョウを捕るなら裏高尾の小下沢《こげさわ》へいったらいいと教わり、日曜や休日を待ちかねるようにして出かけていったのである。

四月にはギフチョウがいるかもしれないよといわれて、ぼくはまだ見たことのないチョウの姿を幻のように頭に描きながら、小下沢の山道を歩き、宮川さんに教わったスポットでじっと待った。

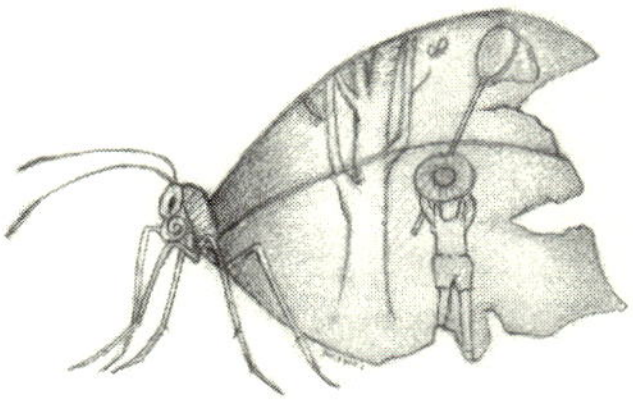

けれどついにその姿を見ることはないままに季節は移っていき、見たのはミヤマセセリとかコツバメとかテングチョウとかいう他のチョウばかりだった。こういうチョウは山のチョウで、町なかの渋谷には絶対にいなかったから、ぼくはうれしくてたまらなかった。

考えてみると、そのころの小下沢にはなんといろいろなチョウがいたことだろう。その他にもぼくは、図鑑や標本でしか知らなかったチョウたちの現実に生きている姿にふれて、胸をときめかしたものである。

あまり興奮して網をふりそこね、逃げたチョウが沢を越えてむこうの斜面へ飛んでいってしまうのを、地団駄《じだんだ》を踏む思いで見ていたこともしばしばであった。

傷だらけのチョウ

中学生になると戦争はだんだんきびしくなったが、小下沢ゆきはしばらくつづいた。カーキ色の服にゲートルを巻いて出かけていったこともあるように記憶している。

しかしとうとう空襲で家が焼け、疎開した秋田の大館から帰ったときは、敗戦の日本は大混乱。とてもチョウチョどころではなかった。けれどその時代を何とか過ぎると、ぼくはまた、折を見てなつかしい小下沢を訪れるようになった。

数年の間に小下沢の様子はだいぶ変わっていた。木が切られて明るくなった場所もあり、その反対に木が伸びて暗くなった場所もあった。そしてそれに伴って、チョウたちのいる場所も変わっていた。

しかし、いるチョウたちの種類は変わらず、現れる季節も姿も変わっていなかった。たとえばスジボソヤマキチョウという、山にしかいない変わった形の黄色いチョウ（メスは白い）は、春早くから見られるが、捕まえてみるといつもはねがぼろぼろであった。ぼくが小学生のころもそうだった。

戦後になるとチョウについての知識もふえ、チョウたちの一年の過ごしかたもわかってきた。スジボソヤマキチョウは秋に親のチョウになり、チョウのままどこかに潜んで冬を越す。だから春になったらいち早く飛び出してくるのだが、前年の秋から半年以上も経ているので、春には必ずはねがぼろぼろになってしまっているのだ。

小学生のころは、捕れるスジボソヤマキがいつもぼろぼろなのに腹を立てていたが、このチョウのそういう事情がわかってみると、ぼくの感じかたも変わった。捕まえたスジボソヤマキの傷だらけでぼろぼろなはねを見て、「お前も苦労してきたな」と思えるようになったのである。

生まれたてで美しいチョウ

サカハチチョウという小型でオレンジ色のチョウは、五月にならないと姿を現さない。けれどこのチョウはいつも、今生まれてきたといわんばかりに新鮮で美しいのだ。それもそのはず、このチョウはサナギで冬を越すのである。そして四月も半ばになってからサナギの中でチョウの体ができはじめ、二週間から三週間してチョウになる。だから近ごろとちがって冬が寒くて長かったその当時は、四月のうちにこのチョウが現れることはなかったのである。

このチョウは日の当たる道ばたにいるのですぐ目につく。道ぞいの山ぎわにずっとつづいて生えているコアカソという草の葉によくとまり、網を振ればすぐ捕れる。

じつはこのチョウの幼虫は、コアカソの葉を食べて育つ。親はこの草の葉に卵を産む。オスはそこでメスを待ちかまえている。だからサカハチチョウはコアカソが伸びだすのを待って、その茂みに集まるのだ。うす暗い林の中にはこのチョウはいない。

チョウたちのそれぞれの事情がわかってくると、ぼくはチョウを採集するよりも、その事情を知ることのほうがおもしろくなっていった。

アブラムシの季節

アブラムシの甘露とアリ

木々の緑も日に日に色濃くなっていく。もう初夏だ。虫たちにとっても、幸せいっぱいの季節である。

庭の草木の芽先や若葉を気をつけて見ると、いつのまにか小さなアブラムシがついている。

ガーデニングの好きな人にとって、アブラムシは悩みのたねにちがいない。昔はこれといった薬もなく、丹念に筆や指先で払い落としたり、タバコの吸いがらを浸した水をぬりつけたりした。けれどあまりその効き目もなく、アブラムシはどんどんふえていったような記憶がある。

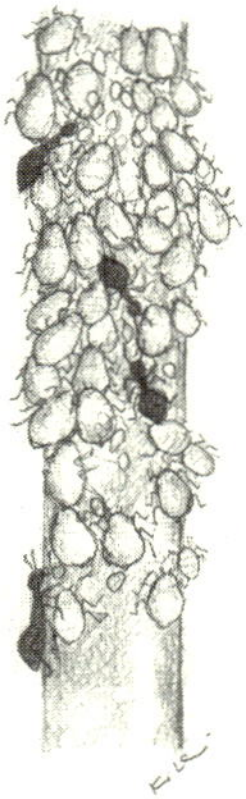

アブラムシはふえるのが速い。それはこの虫にはメスばかりしかいないからである。細い口先を柔らかい植物に差しこんで汁を吸いながら、アブラムシの子はすぐに大人になる。そして次々と子どもを産む。孵《かえ》るのに時間のかかる卵ではなくて、いきなり子どもを産むのである。だからアブラムシはたちまちのうちにふえていく。

アブラムシがふえはじめると、たいていはアリがやってくる。アリたちは触角でアブラムシの丸い腹をたたく。するとアブラムシは尻から小さな水玉を出す。この水玉はアブラムシの甘露《かんろ》とも呼ばれているとおり、ほんのりと甘くて、アリは喜んでこれを舐《な》める。

アリたちはこの好物の源を確保しておくために、アブラムシを食べにやってくる他の虫たちを追い払う。

アブラムシの敵たち

そのような敵としては、まずあのかわいらしいテントウムシがあげられよう。テントウムシは親（成虫）も幼虫もアブラムシを食べる。それからヒラタアブという、これも一見やさしげでかわいらしいアブの幼虫。卵を産みにきたヒラタアブの母親は、孵ったばかりの幼虫の口にあう小さな子どもがいるアブラムシの群れをえらんで、その近くにさっと卵を産みつける。

いずれにせよ、こういう敵たちはがんじょうなあごをもっていて、アブラムシに咬《か》みつき、もりもりと食べてしまう。だからアブラムシにとって、アリの存在は大助かりなのだ。

けれどアブラムシは、アリに感謝して甘い水玉を出しているわけではなさそうである。アリの触角で体にさわられたので、アブラムシは自分の身を守るために反射的に水玉を排出しているにすぎない。

アリはアリで、自分たちの利益のためにアブラムシを敵から守っているだけだ。でも何気なく、かつ善意の幻想ももちながら見ていると、アブラムシとアリの「共生」というイメージがそこに見えてくる。

兵隊をもつアブラムシ

だがアブラムシたちには、防衛のための「兵隊」をもっている種類がある。一部の子どもたちは鋭い口吻《こうふん》をもっていて、テントウムシやヒラタアブの幼虫が近づいてくると、勇猛果敢に襲いかかって、その口吻を突き刺すのだ。こういう「兵隊」たちは、何が合図になるのかわからないがたちまち何匹も集まってきて、次々と敵に襲いかかる。

突然にアブラムシの兵隊の攻撃を受けた敵は、体をよじって抵抗しつつ逃げ出していく。兵隊たちは差しこんだ口吻を抜くこともできず、結局はたいていそのまま死んでしまう。

兵隊たちのこの自己犠牲的な行動によって、アブラムシの群れは差し当たりの危険を免れる。

けれどまもなくまた次の敵があらわれる。新たな兵隊たちがそれに襲いかかり、何とか撃退する。

こういう「兵隊」たちは、すべて一齢または二齢の子どもであり、はじめから兵隊として生まれてくる。体もふつうの子どもとはちがい、がっしりとして大きく、口吻も長く丈夫である。そしてそれ以上脱皮して大人になることはなく、子どもも産まずに死ぬ。アリの兵隊アリと同じく、もうそれで終わりのカースト（階級）なのである。

アブラムシにこのような「兵隊」がいることは、一九七七年、日本の青木重幸氏によって発見された。どのアブラムシにも「兵隊」がいるわけではないし、「兵隊」のいるアブラムシはいつも敵から完全に守られているわけではないけれども、アリとシロアリにしかいないと思われていた「兵隊」が、アブラムシにもいたことは、じつに世界的な大発見であった。

夏の夜のヤモリ

ヤモリの「魔法の指先」

今日もだいぶおそくなったなと思いながら、家のドアの前に立つと、夜目には一段と明るく見える門灯《もんとう》のまわりに、何匹かの虫たちが集まっている。そしてその少し下にはかわいらしいヤモリの子。手足を広げてじっと虫たちの様子をうかがっている。

これからの季節、こんな光景によく出くわす。

いうまでもなくヤモリは爬虫類《はちゅうるい》だ。人々はよくヤモリとイモリを混同するが、イモリというのは水の中にいて、カエルやサンショウウオと同じく両生類に属している、ヤモリとはぜんぜんちがう動物である。

おそらくヤモリは爬虫類としてはもっとも人間になじみの深い動物ではないだろう

か。ヘビやトカゲを嫌う人は多いが、ヤモリはそれほど嫌われてはいない。毒ももっていないし、咬《か》みつくこともない。あの何となくおどけたような姿が、親しみすら感じさせる。

両手両足を広げて家の柱や壁にぴったり貼《は》りついている姿は、ヤモリ独特のものであるが、あれにもそれなりの理由がある。

人間と同じく五本ずつあるヤモリの指は、その一本一本の根もとがいちじるしく扁《ひら》たくなっており、しかもその部分が長い。人間でいえば指の腹にあたるこの部分は、指下板と呼ばれ、そこに鉤《かぎ》のような形をして小さな毛が無数に生えている。これがヤモリの魔法の指である。ヤモリはこの鉤のような毛の先を柱や壁のごく小さなへこみにひっかけて歩くので、人間の目には滑らかにみえる平面にもぴったり貼りつき、するすると動き回る。他の爬虫類にはこんな器用なことはできない。

ヤモリの冬越し作戦

けれど世の中には良いことばかりはないものだ。ヤモリの指先はこのようにデリケートにできているので、足で土を掘ったりすることができないのである。

いちばん困るのが冬眠のときだ。

爬虫類は変温動物だから、寒くなると体温が下がって動けなくなる。そこで冬は冬眠せねばならない。トカゲやヘビは土に穴を掘ってその中にこもるが、ヤモリにはそれができない。しかたなくヤモリは、木の皮や家の壁のすきまにもぐりこんで冬を越す。冬に家をとりこわしたりするとヤモリがとびだしてきたりするのも、そのためである。

ヤモリにもいろいろな種類がいるが、われわれがよく見かけるニホンヤモリという種類は、人間にとても依存して生きているらしい。とくに冬には、少しでも火の気のある人家の壁のすきまのほうが、寒風吹きすさぶ山や野原の木の皮の下よりすごしやすいのだろう。ニホンヤモリは人間の進出につれて分布を拡大していったふしがある。

そんなわけでヤモリは人工の建物によくいるので、家守とか守宮と表記されるが、もともとは大きな虫もパクッと食べてしまう〝猛獣〟である。そこで中国語ではヤモリのことを壁虎《へきこ》という。ヤモリのこの猛獣性を日本人はほとんど気にしていないようだ。

夜行性のヤモリ、卵はどこに？

変温動物であるヤモリ類には、暑いところのほうがすみやすい。ぼくがかつて研究のためによく訪れていた北ボルネオのサンダカンやブルマス植林地の宿舎には、一年じゅうヤモリがたくさんいた。

ヤモリは夜行性だから、夜になると活発になる。部屋の壁や天井を、何匹ものヤモリがキョキョッ、キョキョキョッと短く鳴きながら走り回る。電灯は明るく灯っているのだが、ヤモリたちは気にもしない。そしてオスがメスを追いかけて走り、追いつくとメスの体に自分の体を巻きつけるようにして交尾する。メスが嫌がってオスを振り切ったり、逃げ出したりすることも、もちろんある。人間がおもしろがって見ているのもかまわず、夢中で走りまわっているヤモリたちがかわいかった。

卵はふつう一回に二個産むそうである。日本では春から秋にかけて二回から三回、熱帯では一年中卵を産む。

トカゲは土に穴を掘って卵を産むが、ヤモリには穴が掘れない。そこでその魔法の指で壁のすきまを歩きまわり、しかるべき場所に卵をそっと置く。

ぼくはヤモリの卵を見つけたことはないが、春になるとどこで孵《かえ》ったのか、小さな子どもヤモリが現れてくるから、どこかにうまく卵を産んでいるのだろう。

トカゲにはまぶたがあるが、ヤモリにはない。眠るときも目は開いたままである。それにも何かわけがあるのかもしれない。

カタツムリたち

二枚貝と巻貝

梅雨どきになると、カタツムリの姿がよく目につく。雨に濡《ぬ》れた石塀《いしべい》に、どこからきたのかじっと一匹とまっていたり、生垣の枝をゆっくり歩いていたりする。カタツムリを見るたびに、ぼくは彼らの苦労を考えてしまう。

昼間ぼくらの目にとまるカタツムリは、たいていどこかにとまってじっとしている。それは彼らが夜行性の動物だからだ。それには話せば長いわけがある。

いうまでもなく、カタツムリは貝である。もともとは水の中で暮らすべく進化した貝の仲間なのだ。軟らかい体を守るために、堅い貝がらが発達した。そういう動物をぼくらは「貝」と呼んでいる。ところが貝がらをもったこの「貝」にも、まったくちがう生

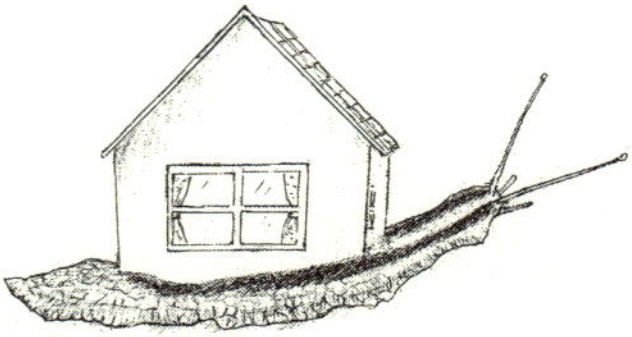

きかたをする二つのグループがある。

一つはいわゆる二枚貝。アサリやハマグリ、ホタテガイのように、体全体をすっぽり二枚の貝がらでおおっている連中である。

もう一つは巻貝。ぐるぐると巻いた縦長のからの中に内臓を収め、頭や足は外に出して水中を歩きまわろうとした連中だ。カタツムリはこの巻貝の仲間である。

陸上進出できたのは巻貝だけ

動物たちはしたたかだから、住めそうなところにはどこへでも出ていって住もうとする。もともとは海の中で生まれた貝たちは、やがて淡水にも進出した。

海水には塩分が含まれているが、淡水は真水である。海から淡水へ進出するのは大変だったにちがいないが、それを何とか乗りきって、いろいろな巻貝や二枚貝が海から淡水へ進出した。だから今、川や湖にはシジミやタニシのような貝がいる。

そのうちに、一部の貝は水から離れ、陸上へ進出した。これも大変であったろうが、今、陸上にはカタツムリをはじめとして、たくさんの貝が住んでいる。けれど、陸上への進出に成功したのは「巻貝」の仲間だけであった。二枚貝はだめだった。

そのわけはものの食べかたにあった。動きは鈍いとはいえ植物ではなくて動物である。貝は何か食物を食べなければならない。二枚貝は水の中をただようプランクトンとかごみなどを吸いこんで食べるという食べかたをとっている。だからどうしても水の中にいなくてはならないのだ。陸に上がってしまったら、もうものを食べられない。それが二枚貝の陸上進出不成功の理由だった。

一方、巻貝は貝がらを背負ったまま足で這《は》うように歩き、海藻などを食べる。口には歯舌《しぜつ》というおろし金のようにザラザラした舌があり、これで海藻などの表面を削りとって食べるのである。これなら、別に水の中にいなくても、ちゃんと食べていける。こうしてたくさんの巻貝が水から陸上に進出した。カタツムリはこういう陸生巻貝の代表である。

フン・呼吸・体の乾燥……

ただし、巻貝にもいろいろと苦労はある。頭と口はからの前方にあるし、歩くための立派な足がからの後方に伸びている。頭にはゆくてを探る触角もあるし、多少頼りないとはいえ目もある。けれど、大切な内臓を全部背中の貝がらの中にしまいこんでしまったから、貝がらの中にフンをするわけにはいかない。そこで腸をぐいと曲げて、口のわきにその出口すなわち肛門《こうもん》をもってきた。これならからの中にフンをしなくてもすむ。

呼吸をするための工夫も必要だった。空気呼吸をするのだから、本来の貝にある鰓《えら》は役に立たない。そこで止むなく、頭の右側に呼吸口とその奥に連なる袋をつくり、そこへ細かい血管を張りめぐらして、「肺」のようなものを発達させた。頭を出しているカタツムリをよく見ると、頭の右側、触角《つの》のうしろのところにある呼吸口を開いたり閉じたりして、一生けんめい「息」をしているのがわかる。

けれど陸上で生活することになったカタツムリにとって、おそらくいちばん恐ろしいのは体の乾燥であろう。それを防ぐためにカタツムリは、体の表面にヌルヌルした粘液を出して、体が乾いてしまわぬようにしている。そしてそればかりでなく、昼間はからの中に体全体をひっこめて、からの口をその粘液が乾いてできた膜を張って閉じ、じっと動かずに、涼しい湿った夜を待つ。ただし膜の呼吸口のところには小さな穴があいており、呼吸はできるようになっている。のんびり休息しているような昼のカタツムリにも、なかなか気苦労はあるのだ。

ガとヒグラシと

アメリカの進駐軍とともに

日本の夏はセミの声で明け、セミの声で暮れる。

本州の中部では朝四時ごろ、東の空がほんのり明るくなったかなと思うころ、ヒグラシがいっせいに鳴きはじめる。

その時刻は日によってちがう。暦の上の日ではなくその日の天候によってちがうのだ。快晴の日は早く、空が雲におおわれている日は遅い。彼らは明け方の光の微妙な変化をしっかりキャッチしているのである。

かつてぼくは、アメリカシロヒトリというガの研究をしていた。この小さなまっ白いガは、太平洋戦争が終わったとき、アメリカの進駐軍とともに日本に入ってきて、たちまちのうちに日本各地に広がり、幼虫の毛虫が桜や街路樹の葉を食いつくして大きな問題になった「侵入害虫」である。

どうやらアメリカのかなり北部の地域からやってきたらしいこの虫が、どうしてこの暑い日本に住みつき、どんどん繁殖していけたのか?

いつ配偶行動をするのか

ぼくらがいわば手弁当でつくったアメリカシロヒトリ研究会は、この新入りの虫の生きかたを明らかにしようとした。

その結果は伊藤嘉昭編『アメリカシロヒトリ』という中公新書の一冊に手短にまとめられている。今読んでも大変多くの示唆に富んだおもしろい本である。

その後二十年近くにわたって日本各地で猛威を振るったアメリカシロヒトリも、いつしか次第に数が減っていき、今では知っている人もほとんどいなくなった。そしてこの本も何年か前に絶版になってしまった。

この研究会でぼくは、アメリカシロヒトリの配偶行動を受けもった。つまりこのガのオス・メスがどうやって出合い、子孫を残していくかを知ろうとしたのである。

ふつう、多くのガは夕暮れから夜にかけてオスが飛びまわり、メスが放出する性フェロモンの匂《にお》いを手がかりにしてメスと出合い、交尾して子孫を残す。

アメリカシロヒトリも同じだろう。そう思ったぼくらは、夕暮れから深夜まで、桜の木の下で辛抱づよく待っていたが、何事も起こらなかった。

ところが、研究会の一人であった長谷川仁さんが、たまたま早朝四時すぎにふと目をさまして二階の窓から近くの桜の木立を眺めたら、薄暗い中でも白いアメリカシロヒトリがたくさん飛びかっているのに気がついた。このガは夜でなく、早朝に配偶行動をするのだ。ぼくの研究の時間は夜ではなく、朝にかわった。

まだ暗い朝の四時、「カナカナカナ」とヒグラシが鳴きだす。するとそれと時を同じくにして、アメリカシロヒトリのオスたちがいっせいに飛びかいはじめる。しかも、曇った日はそちらも十五分ほどおそくなる。ヒグラシとアメリカシロヒトリは、同じ明るさの変化に反応しているのである。

ヒグラシのオスが鳴くのもメスを呼ぶため。アメリカシロヒトリのオスが飛びまわるのもメスを探すため。目的は同じ。行動開始のきっかけも同じ。驚きだった。

春は夕暮れに、夏は涼しい夜明けに

ところが話はそうかんたんではなかった。

じつはアメリカシロヒトリは年に二回、成虫が出る。つまり、冬を越してきたサナギから、春、五月ごろ成虫のガが出、それが産んだ卵が育って、夏、七月から八月にかけて二回目の成虫が出るのである。

この春に出るアメリカシロヒトリは、朝ではなく夕暮れに配偶行動をすることが、その後の研究でわかった。

ヒグラシは夕暮れにも鳴く。そのときのきっかけは明るくなることではなく、明るい一日が暮れて薄暗くなることである。春のアメリカシロヒトリでもそうであることが、実験で明らかになった。そして故郷のアメリカでも、アメリカシロヒトリは夕暮れに交尾しているらしい。

しかし、アメリカの北国の虫であるアメリカシロヒトリにとって、日本の夏の夕暮れは暑すぎ、春の早朝は寒すぎる。

幸いにしてアメリカシロヒトリはヒグラシと同様、暗から明、明から暗というどちらの変化をも、配偶行動のきっかけにできる遺伝的素地をもっていた。たまたま暑い日本にやってきてしまった彼らは、春と夏の気温に対応して、そのどちらかを使いわけることができた。だからアメリカシロヒトリは日本に住みつくことができたのである。

秋の鳴く虫

セミの発音器、秋の鳴く虫たちの楽器

秋は鳴く虫たちの季節である。

コオロギ、スズムシ、キリギリス、ウマオイ、クツワムシと、名前をあげていけばきりがない。日本に「鳴く虫」は二百種ぐらいいるだろう。

鳴く虫たちが鳴くのは彼らの繁殖戦略のためである。オスが鳴いてメスを呼び寄せるのだ。そのとき、メスのほうも小声で鳴いてオスに答える虫もいる。

夏のセミも、同じようにオスが鳴いてメスを呼ぶが、発音のしかたがぜんぜんちがう。セミの発音器は、いうなれば太鼓やつづみのような打楽器である。ピンと張った一枚の膜を振動させて音を出す。ただしその膜をバチや棒でたたいて振動させるのではな

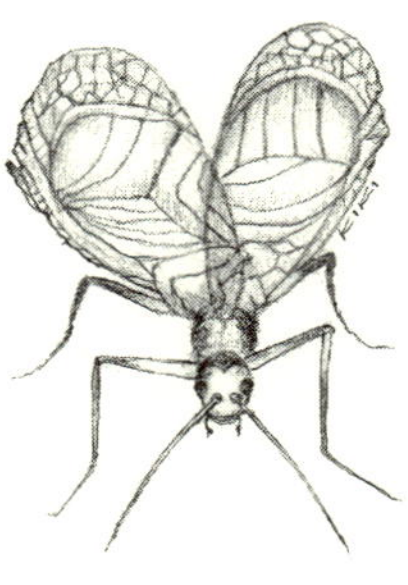

く、膜の下側についた筋肉の伸縮によって震わせるのである。そしてその音を腹部で共鳴させてあんな大きな音にする。

秋の鳴く虫たちの楽器は、いうなればバイオリンのような弦楽器である。左右のはねの特定部分をこすりあわせて音を出し、それをはね全体に共鳴させるのだ。

はねの形やこすりあわせる部分の構造、こすりあわせかたのちがいなどによって、それぞれの虫に特有の鳴き声になる。

曲は「セレナーデ」から「ラブコール」へ

遠くまで届く大きな「声」を出すのはオスである。オスはじっと一カ所にとどまって、何時間でも鳴きつづける。草むらの中を動きまわっているメスは、自分と同じ種のオスの声がしてくると、その中でもいちばん大きな声のほうを向く。それはたいてい、いちばん近くで鳴いているオスである。

コオロギはふしぎな場所に耳をもっている。前肢のすねの部分である。左右の前肢は多少ながら離れているから、メスは音のくる方向を知ることができる。そしてその方向へ速足で歩きだし、オスに近づいていく。オスの声がとぎれるとメスは立ち止まり、再び鳴きだしたらまた小走りで近寄る。こうしてメスはオスと出合う。

隣の実験室で鳴いているオスの声を、電話器でメスに聞かせると、メスは急いで受話器に駆け寄ってくるから、このコミュニケーションはもっぱら音によるものであることがわかる。

　ぼくらが秋の夜に耳にする鳴く虫の声は、遠くにいるメスを誘うための「セレナーデ」である。メスが近くにきて触角でオスに触ると、オスは歌をもの静かな「ラブコール」に切りかえる。そしてゆっくり後ずさりしながらメスのほうへ近づいていって、ついにはメスの体の下へもぐりこもうとする。

　これまでの間に、メスはオスの「品定め」をしている。このオスでオーケーと判断したメスは、オスが自分の下にもぐりこむのを許す。待ちきれずに自分からオスの上に乗ってくるのもいるそうだ。そして腹の先を下にいるオスのほうへ曲げる。逆にオスは腹の先を上へ曲げ、精包《せいほう》と呼ばれる精子のパックをメスの腹の先につけてやる。メスはその精包を自分で体内にとりこむ。オスが自分の性器をメスの体内に入れる交尾とは、ちょっとちがうのである。

　メスを呼んで鳴いているオスの近くへ、他のオスが近づいてきたりすると、オスははげしい調子の「ライバルソング」でそのオスを追い払う。

歌のプログラムはどこに？

このような状況に応じた歌の切りかえはどういうしくみでおこるのだろうか？　かつてドイツのフーバーという人が、コオロギの神経系に微小な電極を刺してそれを調べた。その結論は明快だった。

歌を歌うかどうかは脳が決めている。しかしそれぞれの歌の楽譜、つまりはねをどうこすりあわせるかという、歌のタイプのプログラムは、胸の神経の塊の中にある。脳はそれを指示するのだ。

コオロギは秋の虫である。でもなぜコオロギは秋に鳴くのか？　日本の正木進三さんはそれを徹底的に調べた。

秋に鳴くコオロギは卵で冬を越すようにできている。だから夏に卵を産んでしまってはいけない。夏の長い日長（昼間の長さ）がコオロギの幼虫の発育を抑え、日の短い秋になったら急いで発育して成虫になるようになっているのだ。

これも繁殖のための一つの戦略だ。じつは種類こそ少ないとはいえ、マダラスズのように初夏に鳴くコオロギもいるのである。

ヘビたちの世界

ヘビを嫌う動物たち

十月ももう半ばすぎ。夏には時折人騒がせをしたりしたヘビも、そろそろ冬越しにはいるころだ。

ヘビを嫌いな人は多い。咬《か》まれるとか咬まれないではなく、ヘビの姿そのものがぞっとするのである。それは日本人に限ったことではない。世界じゅうの人がそうであるらしい。それどころか人間だけでなく、多くの動物がヘビを嫌いである。たとえばたいていの鳥はヘビを嫌う。

鳥は自分の卵が狙《ねら》われるからよけいヘビをこわがるのかもしれないし、その理由はよくわかるのだけれども、たいていの動物がヘビを不気味に思うらしいのはなぜなのだろ

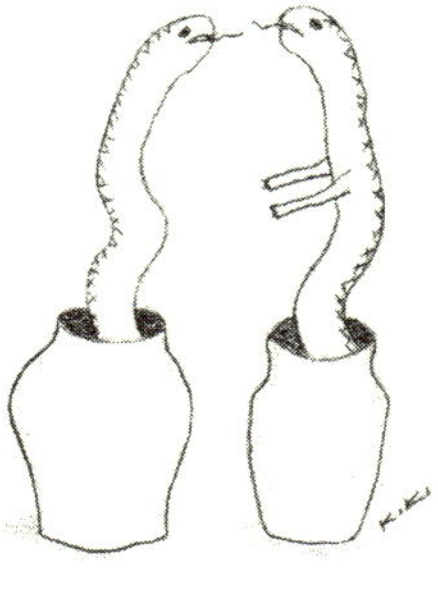

う？　それはやっぱり、ヘビには手も足もないからだろう。

陸上にすむ動物は、ほとんどみな肢《あし》をもっている。陸上ではそのほうが断然便利だからである。けれどヘビには肢がない。それなのにあんなにするすると動く。何か想像を絶する存在なのだ。

ヘビはなぜ肢を捨てたのか？

いうまでもなくヘビは爬虫《はちゅう》類であり、爬虫類の祖先は両生類である。両生類は大昔、陸に上がるときに、たぶん大変な「努力」をして四本の肢を発達させた。

両生類から進化した現代爬虫類の仲間で、いちばん古いのはワニ類とカメ類だといわれている。ワニもカメもちゃんと四本の肢をもっているし、その後に現れた有鱗《ゆうりん》類つまりトカゲの仲間も四本の肢をもっている。ところがやがて、この有鱗類の中に、肢を捨ててしまったものが現れた。それがヘビ類であった。

せっかく先祖が獲得した肢を、ヘビはなぜ捨ててしまったのだろうか？

トカゲなのに肢のないアシナシトカゲのような動物もけっこうたくさんいるから、肢のないことにはそれなりの利点があったのだろうけれど、肢をなくすのはこれまた大変であった。

とにかく体を細く長くしなやかにせねばならなかった。そのためには一個一個の脊椎《せきつい》骨を小さくして、数をふやす必要があった。大人のヘビでは脊椎骨が二百個から四百個もある（人間では三十四個、カエルではたった九個）。それがおのおの上下左右に三〇度近く動くから、ヘビの体は自由自在に曲がる。

体を細くするために、内臓もリストラした。肺も腎臓も左側だけ。その代わり残された左側の肺はほとんど体の全長にわたって細長く伸び、二つ分の働きをしている。

動くときは、いわゆる蛇行《だこう》によって生ずる力を合成して、まっすぐ前方へ進む。それとともに腹のうろこを微妙に立てたり伏せたりして体を支え、動きを助けるので、細い枝を渡ることもできる。

ヘビの目は丸くて大きく、まぶたがない。それが「ヘビに見つめられる」ような気をおこさせて不気味なのである。けれどこの目の視力は弱く、一般に立体視もできない。

すべてのヘビは動物食である。草や木の葉は栄養効率が悪いのでたくさん食べねば体がもたないが、それでは太ってしまうからだ。

ヘビはえものをどうやって探すのか？

肢がないヘビは跳んだり走ったりすることはできない。動きまわっているえものをどうやって探したらよいか？

そこでヘビは舌を使う。先が二股に分かれた長い舌をたえずペロペロッと出して、あたりの匂《にお》いをかぐのである。空気の中の匂い物質を捉《とら》えた舌先を、口の中のヤコブソン器官という感覚器にあてがい、われわれ人間にはとてもわからない微妙な匂いを感知する。舌は空気の振動や温度の違いにも敏感である。こうしてヘビはペロペロッと舌を出しながら、まわりの様子を探り、えものの存在を知るのである。

よく知られているとおり、毒ヘビの中にはえものの体温を赤外線でキャッチし、体を伸ばして咬みつくものもいる。

ヘビには耳がないから、音というものもないはずである。笛を吹いてヘビを踊らせるインドの蛇使いは、笛の音でなく、自分の体の動きでヘビを操っているのである。けれどヘビは、振動には敏感である。だから人間のように大きな動物が近づいてくると、地面の振動や空気の動きでそれを察知し、たいていのヘビは急いで逃げていく。その姿を見て今度は人間が、「あっヘビだ！」といって逃げだすわけだ。

匂いと振動と温度差だけでできているヘビの世界がどのようなものか、ぼくには想像がつかない。やはりヘビとは、自然のふしぎな発明であった。

ヤマネの冬眠

ヤマネの特徴

「ヤマネはもうそろそろ冬眠に入るそうですよ」というはがきを、山梨県・清里を訪ねた友人からもらったのは、十月も末に近いころだった。

清里には「やまねミュージアム」というヤマネの研究所がある。ぼくが細々ながらヤマネとつきあうようになったのは、今そこで研究に精を出している湊秋作さんのおかげである。

そのころ湊さんは和歌山県・熊野の山の中にある皆地《みなち》の小学校で先生をしていた。熊野の山にもヤマネがいる。湊さんは熱心な小学生にも手伝ってもらって、ヤマネの観察をつづけていた。

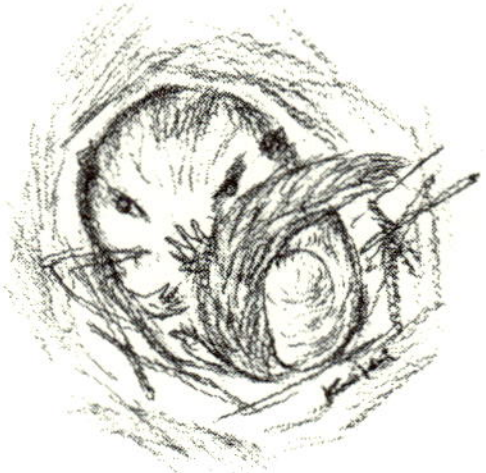

朝早く、泊めてもらっていた湊さんの家に小学生がやってくる。「どこどこにヤマネがいたよ」という報告だ。「ありがとう！」と湊先生は答えて、すぐそこへとんでいく。「毎日こんなですよ。たいへんだけど楽しいです」

しばらくして湊さんは、熊野川町の小学校に転勤になった。そこの家にはヤマネを飼う大型のケージがいくつか作ってあって、中で何匹ものヤマネが活動していた。

ヤマネは天然記念物に指定されているので、湊さんはしかるべき許可をもらって研究している。ロシアから贈られてきたヨーロッパヤマネも何匹か飼われていた。

ヤマネはネズミやリスと同じく、げっ歯類の動物である。体は長さ六センチから八センチ。丸っこくてかわいらしい。尾は四センチから六センチ。体つきは小さなネズミに似ているが、尾はリスのようにふっさりしている。

色はあわい褐色で、背中の正中線に黒いすじが入っており、それがヤマネの特徴である。

エネルギー節約はコウモリ並み

ヤマネはとても珍しい動物のように思われているが、じつは本州から四国・九州へかけて広く分布していて、ヤマネの特定の棲息地というものはない。もちろん、ヤマネがたくさんいるところもあり、少ししかいないところもある。清里にはかなりたくさんいるそうである。

ヤマネは樹上生活をする。けれどリスとは異なって、木の幹や枝にへばりつくようにして歩くが、動作はなかなか敏捷《びんしょう》で、枝から枝へとび移ることもある。木の葉の上も歩けるそうだが、ぼくはまだ見たことはない。

ヤマネの大きな特徴は、冬には冬眠するということである。ネズミは冬眠をしないので冬も雪の上を動きまわって食物を探さねばならないが、ヤマネは冬は土の中や木のほらの中で丸くなって、安全に眠っている。

冬眠するばかりでなく、活動期にも、昼は好みのかくれがで、体温を下げて眠る。夕方、目が覚めるころになると体温を上げる。その点はコウモリとよく似ている。ヤマネと同じくコウモリも夜行性で、昼に眠っているコウモリは体がひんやりと冷たい。眠っているのをつっついて起こすと、いかにも嫌そうに目を開け、同時に体温が急速に上がる。でもすぐとても眠そうに目を閉じてしまい、体温もたちまちにして下がる。これはヤマネでもほぼ同じである。こういうしくみでヤマネもコウモリも、無駄にエネルギーを消費しないようにしているのだ。

ヤマネの冬眠法

ヤマネは果実や種子も食べ、木の皮もかじる。いくつかの木の皮はとくに好きであるという。けれどヤマネはげっ歯類のくせに、いろいろな昆虫をつかまえてよく食べる。ヤマネの主な食べものは昆虫であると思ったほうがよさそうだ。

昆虫は貯《たくわ》えておくことができないし、ヤマネには食物を貯える習性がない。そこで昆虫のいなくなる冬は、ヤマネは冬眠する。

冬眠の場所はけっしてぽかぽか暖かいところではない。むしろある程度温度が低くて、しかも一日のうちの温度変化が少ないような場所である。これは冬眠するたいていの動物に共通していることだ。もちろんできるだけ安全そうな場所を選ぶ。

ヤマネの冬眠場所をみつけるのはたいへんである。木の深いほらの中などが多いが、落ち葉のつもった地面のくぼみということもある。

冬眠に入るのはその土地の晩秋、昆虫がいなくなるころだが、秋のうちに十分に食べて体に栄養をたっぷりつけた個体ほど、早く冬眠に入るらしい。

冬眠中は、体温は零度近くに下がり、呼吸も一時間に数回しかしないという。ひたすらエネルギー消費を避けて、四月から五月の目ざめに備えているのである。

カラスの賢さ

ゴミ出しはカラスとの戦い

たいていの住宅地の朝はカラスとの戦いである。各家庭から出されたゴミの袋をカラスがつつき破り、食べられるものをあさるので、ゴミが散乱してしまうからだ。

ゴミが出される前、そこらにカラスの姿はない。だがそれで安心していてはいけない。ゴミを入れた青や黒のビニール袋がいくつか道ばたに並ぶと、たちまちにしてカラスがやってくる。

カラスはちゃんと知っているのだ。だいたいこの時間になるとゴミが出されること、そして青や黒のビニール袋は、外からは見えないけれど、中にいろいろと食べられるものが入っていることを。

カラスは視覚で学習する

都市鳥研究会の唐沢孝一さんが一九八八年に出版した『カラスはどれほど賢いか』（中公新書）をはじめとして、ここ数年、カラスの本がいろいろ出ている。けれどカラスを撃退するのは至難のわざらしい。それはカラスがじつに「賢い」からだ。

宇都宮大学でカラスの研究に取り組んでいる杉田昭栄先生の『カラスとかしこく付き合う法』（草思社）という本を見ても、カラスはぼくが思っていたよりずっと賢いようである。

鳥は一般に視覚動物だとされている。つまり主に視覚によって世界を認知しているのであって、犬のように嗅覚《きゅうかく》でものごとを判断しているのではないということだ。杉田先生が視覚的に同じ入れ物の一方に匂《にお》いのある餌を入れ、一方には入れずにおいて、カラスにそれを区別できるかという実験をしてみたところ、カラスは区別できなかったそうである。

カラスはいろいろなことをすぐ学習するが、その学習はもっぱら目で視覚的にやっているらしい。そこで杉田先生は、×印と○印を目で区別できるかという実験をはじめた。

まず、外見がまったく同じ黒い円筒型のタッパーを二つ用意し、その一方にはカラスの好きなドッグフードを百グラム入れ、フタに〇印をつける。もう一方には、重さを同じにするために同じ量のドッグフードを入れるのだが、こちらには内ブタをつけておいて、カラスがこの容器のフタをクチバシで破っても内ブタがあるので餌は食べられないようにして、こちらのフタには×印をつけておく。

タッパー容器から餌を食べる練習を二、三日させると、カラスはタッパーから餌をとることを学習する。

そこで今述べたように、餌が食べられる〇印の容器と、食べられない×印の容器とを並べて出してやり、カラスがどちらを選ぶかを調べてみた。

一日目は〇と×のどちらの容器に餌が入っているかわからず、ほぼ半々の確率で容器のフタを破る。二日目になると、餌はどれに入っているかと考えているような様子になる。そしてどうやら餌は〇印に入っているらしいことを覚える。そして三日目には、約一・五メートル離れたところから、一気に〇印の容器を狙って飛び降り、フタを破って餌にありつく。

カラスは「漢字」の区別もつく

次に×を△に変え、△と○を区別できるかを見ると、カラスは三日目には△と○を区別できるようになる。そこで△を□に変え、さらに□を五角、六角と多角形に変えて、次第に○に近づけていく。するとカラスは、二十四角形という人間でも○と区別しにくい印でも、ちゃんと区別してしまうことがわかった。

しかもカラスは、一度学習したことは、少なくとも四十日は覚えている。この学習実験を終えて、フタなど付いていない普通の容器から餌をとるようにし、それを四十日つづけたのちにまたフタつき容器に○と二十四角形の印をつけたもので実験してみると、カラスは以前学習したとおり、○印の容器を選んだそうである。

それではというので、漢字の区別をさせてみたら、正解率八〇%で「機」と「能」というむずかしい漢字をちゃんと区別して学習したし、人の顔の写真の区別も学習したという。

カラスはこんなに「賢い」鳥なのである。人間がカラスに勝つのは大変なはずだ。

猫の生きかた

猫には個性がある

ひょんなことからわが家の一員となったメス猫リュリが次々に子どもを産み、一時は十四以上いた猫たちにも、二十年をこえる年月の間にはいろいろなできごとがあって、今はオワという一匹のメス猫しかいない。

『猫たちをめぐる世界』（小学館ライブラリー）に書いたように、いちばん強いオス猫とどうしても折り合えずとうとう家出してしまったオス猫もいた。ひょっこりやってきてしばらくいつき、そのうちにふっと消えてしまった子猫もいた。何匹かは京大へ移して、研究の対象にした。その結果、強いオス猫がいなくなったのに、理由もわからぬまいなくなってしまった猫もいた。

そういう猫たちをずっと見ていると、猫という動物の生きかたがわかってくる。もちろん、猫たち一匹一匹にはそれぞれに個性がある。人にやたらよくなつき、お客さんがくると喜んで出てくる猫もいたし、知らない人の気配がしたら、さっとどこかへ姿を消すのもいた。

どこにでもおしっこをして歩く困りものもいたし、どこでどうして憶《おぼ》えたのか、ちゃんとトイレにまたがって用を足すのもいた。ただし、最後に水を流してくれることはなかった。

いずれにせよ猫たちはじつに気ままに生きていて、飼い主のいうことを聞いたりはしない。それはいつもいわれるとおり、猫が単独生活をする動物だからである。

睦まじい母子関係

猫はオスもメスも独りで暮らす。オスとメスが出合うのは繁殖期だけ。それも、交尾が終わったら、二匹はたちまち離れてしまい、オスが生まれた子と出合うことはない。子は母親に育てられる。このときの親子の仲は睦《むつ》まじい。母親は子猫をたえずなめてやり、乳を飲んで満腹した子猫たちが眠りこむのを見届けてからやっとそばを離れ、自分の食事や用足しにいく。

それでも子猫の一匹が鳴いたりしたら、何もかも放り出して子どもたちのところへとんで帰る。

これは子猫の声に対する反応として遺伝的に組みこまれた行動としか思えない。子猫の声をテープに録音しておき、子猫のいない場所でそのテープをかけると、母親はそこへとんでくる。そしてうろたえたように声の主を捜すのである。

子猫が大きくなると、母親は寝ころがって、子猫たちが近くで遊ぶ様子を見ている。自分たちどうしで遊びにふけっていた子猫たちは、やがては母親のところへ戻ってきて、すがりつき、乳をねだる。子猫たちは母親が近くにいるのを意識しているらしい。

やがていわゆる「子別れ」の時期がくる。次の子を産みたい母親は、子猫たちを追い払い、こうしてみんながばらばらになる。こうなったら、あとはそれぞれが自分一人で生きていくだけだ。えものも自分で探し、自分で狩る。だから他の猫は自分にとって邪魔でしかない。

猫と対照的な犬の習性

猫のこういう生きかたは、犬の場合とは対照的にちがっている。

犬はその祖先のオオカミと同じく、本来数匹の群れ（パックという）で暮らす動物である。パックにはリーダーがおり、それにちゃんと従わないとパックから追い出される。狩りはパックとして集団的におこない、かなり大きなえものでも捕らえてみんなで食べるから、パックから追い出されたら悲惨である。

そこで犬は飼い主に忠実である。これもよくいわれるとおり、飼い主をパックのリーダーだと思っているのだ。だから飼い主が「来い」といえばくるし、「待て」といえば待つ。

自分一人で生きている猫には、そんな習性は必要がなかった。だから猫は勝手気ままである。よいも悪いもない。それが猫という動物のもともとの生きかたなのである。けれど、子猫と母猫との関係は深い。子猫は母猫にまったく依存して暮らしている。母猫が近くにいるかどうか、自分のことを気にしてくれているかどうか、子猫にとってはそれがいちばん重大な問題なのだ。

犬が自分の飼い主をパックのリーダーだと思っているのに対し、猫は自分の飼い主を自分の母親と思っているらしい。猫と人間の関係はそこから生まれてきているのだ。

犬の由来

アルファ症候群

前に書いた猫の場合とは違って、犬は飼い主のいうことをきく。よくしつけられた犬は、飼い主の命令をじつによく守る。「ここで待っていろ」と指示されて、二時間でも三時間でもじっと待っている犬を見ると、かわいそうな気がしてくるくらいである。

猫はネズミを捕るために飼われたというが、犬は番犬、警察犬、狩猟犬など、さまざまな役目を果たす。信号が青に変わるのを待って歩きだす盲導犬を見て、敬服しない人はいないだろう。

猫とは対照的な犬たちのこのような行動は、犬の祖先であるオオカミが数匹の群れ《パック》で生活する動物であったからだとされている。

パック内には厳とした順位があり、順位最高のリーダーに従わなければ生きていけない。犬はふつう、自分の飼い主の一人をリーダーと見なし、忠実にその命令に従うのだと考えられている。

だから飼い主一家の中でもだれか一人の言うことはよく聞くが、家族の他のものにはあまり従わない場合がある。しつけのしかたをまちがえると、犬は自分がリーダーだと思いこみ、飼い主を噛《か》んだりすることになる。いわゆるアルファ症候群である。

タイリクオオカミが祖先か

犬の祖先はオオカミだとされているが、じつは犬の由来をめぐっては諸説があった。犬の祖先はオオカミではなくジャッカルで、人間とともに暮らすようになってからオオカミと交雑して、いろいろな品種ができたという説もある。けれどDNAの研究から、ジャッカルはDNAが犬とはかなりちがうので、犬の祖先ではないだろう、犬の祖先はやはりオオカミだろうということに落ち着いている。

けれど一口にオオカミといっても、アメリカのアメリカアカオオカミ、日本固有のニホンオオカミ、ユーラシア大陸のタイリクオオカミという三つの異なる種類がある。どれが犬の祖先だろうか？

犬の骨が人間の遺跡から見つかるのは二万年ぐらい前からだそうだから、犬はそのもっと前から人間と暮らすようになっていた、つまり犬になっていたと考えられる。そうなると、アメリカアカオオカミもニホンオオカミも犬の祖先ではありえない。

しかしタイリクオオカミにもいくつかの亜種がある。古い犬の遺物がいちばん多く見つかるのは中東地域だから、その地域に分布しているタイリクオオカミの亜種であるアラビアオオカミかインドオオカミが犬の祖先だろうと今では考えられている。

オーストラリアの野犬ディンゴの祖先と考えられるアジア産のイヌ科動物が犬になったとする人もいるが、ぼくはやはりタイリクオオカミが犬の祖先だろうと考えている。

人間の友だちとしての犬

いずれにせよ、犬には他の家畜とは大きく異なる点がある。猫は別にして、牛とか馬などという他の家畜の場合には、人間がその動物を囲いこみ、次第に人間に馴《な》らしていった。けれど犬はまったくそうではない。囲い込まれたりすることなく、人間と一緒にいて、食べるのも一緒、昔はたぶん寝るのも一緒だったろう。犬は人間の「家畜」というより友だち、今でいうコンパニオン・アニマルのはじまりだったのである。

コンラート・ローレンツはそのあたりのことを『人イヌにあう』(小原秀雄訳、至誠堂)

で書いているが、その要点は『ソロモンの指環』(ハヤカワ文庫)の第一〇章「忠誠は空想ならず」で読みとれる。犬の祖先たちは人間のおこぼれをあてにして人間のまわりにつきまとっているうちに、ローレンツの表現を用いれば、(人間という)狩人たちのあとではなくて前を走るようになり、えものを狩りだすことにもなったのである。

人間と犬とのこの古い結びつきが、「両者の自発意志に基づいてなんの強制もなく契約された」ことに、ローレンツは心なごむといっている。

けれど、ローレンツの好きな飼い主に対する犬の「忠誠」心は、パックで生きるというオオカミを祖先とする犬のもともとの性質によるものである。そして犬には毎日必ず散歩をさせねばならないが、これもまたえものを毎日探し歩き、えものが疲れるまで追っていくというオオカミの生きかたに、人間が従っているからにほかならない。

ネズミたちの人生

猫がネズミをくわえてきた

ぼくらが住んでいる洛北の二軒茶屋は、京都盆地の北の端に当たる。街の平野部が東山の比叡から北山の鞍馬へつづく山々のすそに移るところだ。

ここに住んでよかったのは人間ばかりではない。ぼくらの家にいる猫たちにとっても、たいへん幸せな場所といえる。

ぼくらの家には次第に代替わりしながら何匹かの猫がいた。飼っていたのではない。猫たちがぼくらの家に住んでいるのである。

その猫たちは何かというと裏の山へいき、何かを捕まえて帰ってくる。小鳥やトカゲなどのこともあったが、たいていは小さなネズミである。そしてぼくらの前へ得々とし

た表情でくわえてきて、しばらく遊び、結局はちょっとした物かげで食べてしまう。

残酷といえば残酷だが、これが自然というものだと思うほかはない。こうしてぼくは、かつての東京時代にはまったく見たこともなかったネズミたちを、少しばかり知ることになった。

「ネズミ」にもいろいろあって

ネズミといっても話はそれほどかんたんではない。系統分類学上はげっ歯目ネズミ亜目というグループに属する哺乳《ほにゅう》類の総称である。哺乳類の中でも最大のグループで、世界に千五百種から千八百種いるとされている。

ネズミは日本語では「ネズミ」とひとまとめにしていうが、ヨーロッパ系の言語ではこれに当たることばはない。たとえば英語ではラット（rat）とマウス（mouse）とヴォール（vole）と三つに分ける。

ラットはドブネズミとかクマネズミ、あるいは奄美・沖縄にいるケナガネズミ、トゲネズミのような大きなネズミのことである。

マウスはいわゆるハツカネズミで、小さいかわいらしいネズミである。昔のヨーロッパでは、マウスはよく童話にあるように人の家の中をちょろちょろしていて、あまり嫌われてもいなかったらしいが、クマネズミやドブネズミという大型のラットが侵入してくると、マウスは人の家から姿を消してしまった。

ヴォールというのはハタネズミと訳され、ハタネズミとかヤチネズミといった小さな野生のネズミたちで、家の中には入ってこない。大きさはマウスと変わらないが、顔つきや体つきがちょっとちがう。

ぼくらの猫が捕まえてくるのは、アカネズミとヒメネズミというマウスである。日本の山や林に住むマウスの代表ともいえるこの二種のマウスは、奄美・沖縄諸島を除く日本全土に住んでおり、手のひらに乗るくらいの大きさでかわいらしい。

ヒメネズミのほうが一段と小さいので、まだ子どもなのかと思ってしまうこともある。けれどアカネズミは地上性でヒメネズミは樹上性。同じ林の中でも活動の場がぜんぜんちがう。アカネズミは走るのが速く、ある本によると数分間で三百メートル走るという。ヒメネズミは体も小さく、重さもアカネズミの三分の一ぐらい。高さ十メートルぐらいの木の上を敏捷《びんしょう》に走りまわるという。

こんなマウスたちを、猫は夜の山の林の中でどうやって捕まえるのだろうか？　ぜひ見てみたいのだが、まだ一度も果たしていない。

とにかくもう二十五年以上の間、家の猫たちはマウスを狩ってくる。猫が何匹もいたときは、一晩に二匹も三匹も捕ってくることもしばしばであった。けれど山のマウスが減った形跡はない。

のべつ食べ、産むせわしなさ

世界に千八百種もいるネズミたちの中には、珍しい種類もいるだろう。けれどたいていのネズミはどの種類でも個体数がひじょうに多いものらしい。マウスでは成体はふつう二年ぐらいしか生きないが、その間に四回ぐらい子どもを産む。一回に産む子はアカネズミやヒメネズミで平均六匹強。一生に二十五匹から三十匹ほど産む計算になる。いろいろな動物の餌になりながら、どんどん子どもを産んでいく。それが小さなネズミたちの生きかたのようである。

とにかくネズミたちは活発である。夜になったらすばしこく走りまわり、植物の種子でも虫でもほとんど何でも食べてしまう。敵の気配を感じたら瞬間的に凍りついたように動きを止め、敵をやりすごす。どんな寒い冬にも冬眠はしない。小さな体ではいつも食べていなくてはならないのだ。なんと忙しいせわしない人生だろう。ネズミたちはそれでも元気いっぱいに生きている。

渡り鳥ユリカモメ

渡り鳥たちの記憶

そろそろユリカモメたちが日本を離れる季節である。

去年の秋、日本にやってきて冬を越したユリカモメは、四月末から五月にかけて北へ向けて飛び立ち、繁殖地であるカムチャッカに渡る。そしてそこの集団営巣地で一つがいあたり平均三個の卵を産んで、ひなを育てあげ、十月には若鳥ともども日本へ向けて旅立つのである。

万葉の時代以来、都鳥として日本人に親しまれてきたユリカモメは、カムチャッカと日本を往復する渡り鳥なのだ。

カムチャッカの営巣地と越冬地の日本で足輪をつける調査の結果、カムチャッカのい

くつかの営巣地で育った若鳥はみな日本のどこかへやってきて冬を越すことがわかった。

ユリカモメの越冬地はほとんど日本全土にわたっているが、若鳥たちは最初に冬を越したところへその後も毎年やってくる、ということもわかった。

こういうことはたいていの渡り鳥においてみられるらしい。つまり彼らはあるきまった営巣地で繁殖し、あるきまった越冬地で冬を越すことをくりかえすのである。

渡り鳥たちがなぜはるばる海を越えて繁殖地と越冬地を往復するのか、その長い渡りの道をどうして迷わずに飛べるのか、いまだに議論と研究がつづけられているところだが、とにかく彼らが最終の目的地の様子をはっきり記憶しており、勝手知ったその場所に到着すると、そこで思う存分の生活を始めることはたしかである。

ユリカモメ、夏期と冬期のちがい

ユリカモメのことを英語ではブラック・ヘッデッド・ガル（black-headed gull）という。日本式に訳せばトウグロカモメとなろうか。

でも日本でわれわれが見るユリカモメは、頭なんか黒くない。頭はほとんどまっ白で、赤いくちばしが可愛《かわい》らしい。それは越冬地の日本にいるユリカモメが冬羽だからである。

北へ帰った夏羽のユリカモメは、頭も顔もほとんどまっ黒になり、くちばしも黒っぽい赤で、とても可愛いという感じではない。ヨーロッパの人たちはこの夏羽のユリカモメしか見ていないので、ブラック・ヘッデッド・ガルなどと名づけることになったのである。

夏羽のユリカモメは繁殖期にあるから、何かにつけて闘争的である。営巣場所をめぐって二羽のオスが争うとき、二羽は互いに真っ黒い顔を相手に向けて睨《にら》みあう。その面相たるや恐ろしいものである。

闘いが激してくると、二羽は互いにくるりと向きを変え、いわゆる「首そむけ」という仕草をとる。これで破滅的なつかみあいを避けるのである。

越冬期にある日本ではこういう闘争は見られない。ユリカモメたちは仲良く群れ、餌をあさっている。親切にもパンくずや魚をまいてくれる人がくると、みなそのまわりに集まって餌をもらう。のどかな風景だ。

東京でも名古屋でも京都でも、ユリカモメは大きな都会の中の水辺に群れ、人間とともに暮らしている。東京のお台場をめぐる新交通の電車が「ゆりかもめ」の愛称で呼ばれているのも理解できる。もし日本で見られるのが頭が真っ黒で闘争的な夏羽のユリカモメだったら、こんな愛称も生まれなかったにちがいない。

都会好み、夜には大移動

どういうわけか、越冬期のユリカモメは都会と人間が好きである。越冬地はほとんど日本全土にわたるといわれているが、人里離れた山の中ではなく、九州から関東にかけて人口密度の高い地域にとくに多い。それはたぶん、都市部には人間に由来する食べものがたくさんあり、猛禽《もうきん》類のような恐ろしい敵がいないからであろう。

けれど彼らは夜になると、町の中からもっと静かな場所に移ってそこで眠る。東京や名古屋のユリカモメは海のほうへ移動し、京都鴨川のユリカモメは山を越えて琵琶湖へ移る。

鴨川べりで見ていると、琵琶湖への移動は毎日の大仕事である。夕方四時ごろ、何羽かのユリカモメが小さな群れになって、川の上を飛びまわりはじめる。仲間をねぐらへ誘おうとしているのだ。一時間もするうちにこれに合流するユリカモメが次第に増えていく。やがて何百羽からなる大群が、ぐるぐる旋回しながら空高く昇っていくようになる。そして東山越しに琵琶湖が見えたら、一斉に山を越えて急降下していく。それはまさに壮観である。

猿害

わが家の庭に十匹の群れ

今年の三月の半ばごろから、ぼくらの家の庭にサルの一群が現れるようになった。まだつぼみも固い庭の桜の太い横枝に、サルが一匹坐《すわ》っている。そのうちにやおら歩きだし、桜から下りて家のベランダに近づいてきた。早速手元にあったカメラをとり、開いていた窓のすきまからカメラをつき出してシャッターを切った。

そのフラッシュにサルは驚き、ふたたび桜の木へ跳びついたと思ったら身をひるがえして下枝へ跳びおり、逃げていった。その動きで、近くにいたサルが二、三匹そのあとを追った。

何年か前、サルが一匹だけやってきて、家の猫がいきなり立って攻撃しようとしたこと

はあったが、住宅地のいちばんはずれの鉄道線路に接しているうちの庭に、サルがやってきたことはなかった。

けれど今度は一匹や二匹ではない。少なくとも十匹はいると思われる集団である。庭のべつの隅を見たら、やっと実がなりだしたミカンの木にも二匹がしがみついて、ミカンの実をむしりとって食べている。ぼくらが顔を出したらあわててもう一個むしりとり、それをにぎったまま隣家の屋根へ逃げていった。

気がついたら、たのしみにしていたもうすぐ咲きそうなコブシの大きなつぼみも、みんな食べられてしまっていた。隣の家にもユズの木があって実がたくさんついているのだが、ふしぎなことにそれには一つも手をつけていなかった。きっとあれは酸っぱくてまずいのだと思うのがせめてもの慰めであった。

これに味をしめたのであろう。サルたちは十匹ぐらいの集団になって、しばしばやってくるようになった。ミカンは一個残らず食べつくされ、枝まで折られていた。隣のユズも結局は全部食べられてしまった。

住める山が大幅に減った

町でもこれだから、ちょっと山に近い農家はみんなこういう目に遭っている。それはもう長いこと前から大きな問題になっており、どこでもその対策に頭を悩ませている。苦労して少なからぬ金をかけて畑を網で覆《おお》っても、サルたちはちょっとしたすきまをみつけて入りこんでくる。入られたらもう終わりである。農事試験所や篤志《とくし》の人によっていろいろな試みや研究がおこなわれているが、これはといった妙案もない。

もとはといえば、サルたちの住める山が大幅に減ってしまったからであるが、その原因は人間にある。生産性が低いからといって雑木林をみんな杉の植林にしてしまったのが、まず基本的にいけなかった。杉林にはサルの餌になるものはない。杉が売れなくなって手入れがされなくなっても、杉林に雑木は生えてこない。サルたちは残された雑木の山へ移るほかはない。そしてそこも貧弱な林になっているので、十分な餌は手に入らない。

誘惑に勝てないサル

困ったサルたちはおそるおそる人家の近くへ出てくる。もちろん人のいるところは、サルたちにとってはこわい。けれど畑や人家の庭で食べものをみつけたら、サルたちはもうその誘惑には勝てない。

野生の動物たちにとって、まず第一の問題は食物をみつけることである。そのために彼らは努力の大半をかけている。他の動物との競争を避けるために、じつにさまざまなものを食うさまざまな動物が進化した。食物を探し、みつけ、ちゃんと食べるための方策も、さまざまなものが進化し、それに伴って体の構造もさまざまに変化した。いわゆる生物多様性の根源もそこにある。

それでもなお、食物を手に入れるのには大変なエネルギーが要るし、リスクも大きい。人間に飼われている多くの動物が、「自由」を求めて逃げていこうとしないのはそのためだ。待っていれば食物が与えられるなんて、野生状態ではけっしてありえない、ありがたい話ではないか。

危険を冒《おか》して人家の庭や畑へ忍び込んだサルは、そこで易々《やすやす》と手に入る大量の食物に出合う。一度このことを知ったらば、彼らはもう忘れないだろう。

今、サルと人間はこういう関係になっている。かつての写真集『アニマル黙示録』（宮崎学、講談社）にあるとおり、他の多くの野生動物との関係も同じである。世の中はあっさり「猿害」というが、これをどうしたらよいのだろうか？

コウモリ

「今年もコウモリたちは健在」

今月初め、滋賀県大津のびわ湖ホールでのちょっとしたパーティーに出席した。元気のよい地域プロデューサーが育って欲しいという滋賀県の熱い思いでつくられたおうみ未来塾の第五期生入塾式のあと、県知事もまじえた交流会が、びわ湖ホールのレストランで開かれたのである。

そのレストランからは広い琵琶湖が一望である。いつもくるたびに、そのすばらしい展望に心が安らぐ。

でもその日のぼくは景色だけでなく、もう一つ心待ちにしていたものがあった。

それはコウモリたちの姿だった。ちょうど初夏の夕暮れどき、コウモリたちが餌の虫

を求めて飛びかうはずの時間である。ぼくは人々と話を交わしながら、窓の外をたえず見ていた。思っていたとおり、一匹のコウモリがひらひらと飛んできた。鳥などには真似《まね》もできない自在さで舞っている。そしてまもなく二匹目、三匹目も。よかった、今年もコウモリたちは健在だった！

超音波で外界を知る

考えてみると、コウモリもまたおよそふしぎな動物である。

だれでも知っているとおりコウモリは鳥ではない。ちゃんと子どもを産んで乳で育てる哺乳類《ほにゅう》、つまりけものである。それなのにあんなに見事に空を飛ぶ。

「鳥無き里のコウモリ」などという表現もあるが、これはまったく当たっていない。コウモリのほうが鳥よりはるかに飛びかたがうまいのである。それは彼らのすばらしい翼のおかげである。

だが、コウモリの最大の特技は、よく知られているとおり超音波の利用であるといってよい。コウモリはけっして鳴き声をたてない。だから人は、夕暮れにコウモリが何匹か空を飛びかっていても気がつかない。

けれどコウモリたちはたえずさかんに鳴いているのである。聞こえないのは彼らの声が人間には聞こえない超音波であるからだ。

コウモリをコウモリたらしめているのはこの超音波である。目があまりよく見えないコウモリが、暗い夜の中でさまざまの障害物を巧みに避け、暗がりの中で小さな虫をみつけて次々と食べていけるのも、みなこの超音波のおかげなのだ。

スパランツァーニの残酷な実験

かつて十八世紀イタリアにラザーロ・スパランツァーニという大博物学者がいた。いくつかの大学の教授をしながら、次々と卓抜な実験的研究をしていった。

あるとき彼は、コウモリがなぜまっ暗闇でも物にぶつからずに飛べるのかふしぎに思い、早速残酷な実験にとりかかった。

真っ暗な部屋の天井から、下に鈴のついたひもをたくさんぶら下げておいて、コウモリを放した。コウモリは飛びまわっているが、鈴はちっとも鳴らない。巧みにひもを避けているのである。

そこでコウモリの目を見えなくした。だが相変わらず鈴は鳴らない。

それではというので、彼はコウモリの耳をロウでふさいでみた。

今度は鈴がちりんちりんと鳴った。耳が聞こえなくなると、コウモリは暗闇の中でひもにぶつかってしまうのである。

スパランツァーニはコウモリが耳で障害物の存在をキャッチしているのだと結論した。この結果が発表されたのは一七九三年のことだった。超音波というものも知られていなかった二百年以上も前、彼の結論はここどまりだった。

反響定位はレーダーの原理に

一九三〇年代に入って、アメリカの生理学者ドナルド・グリフィンが、大変な苦労のすえ、コウモリは自分が口から発した超音波の声がまわりの物に反射して返ってくるのを耳でキャッチしていることを確証した。

こうしてわれわれは今、コウモリが超音波による反響を利用して外界を探っていることを知っている。こういう方法をエコーロケーション（反響定位）というが、これこそまさに現代のレーダーの原理である。

コウモリがどうやってこの原理を何百万年も昔に知ったのか、それはわからない。コウモリにはスパランツァーニもグリフィンもいないから、コウモリのエコーロケーションは進化の結果だったとしか考えようがない。それにしても、コウモリはすばらしい生きものである。

夏のセミたち

セミの登場に順番がある

今日七月の十二日。庭の桜の木のあたりから、今年初めてのニイニイゼミの声が聞こえてきた。心なしか声もか細く、弱々しいが、今日か明日かと待っていたその鳴き声はうれしかった。

五月に松林で鳴くハルゼミや、六月に鳴くエゾハルゼミをべつにすれば、セミは夏の象徴である。小学生のころ、もうすぐ夏休みという七月の半ば、耳に沁《し》みいるようなニイニイゼミの声に、なぜか心が躍るのを感じた。

まもなくアブラゼミとミンミンゼミのさわがしい八月が一日、一日と過ぎていき、夕方にヒグラシも鳴くようになる。そのころ東京にいたぼくは、あのすさまじいクマゼミ

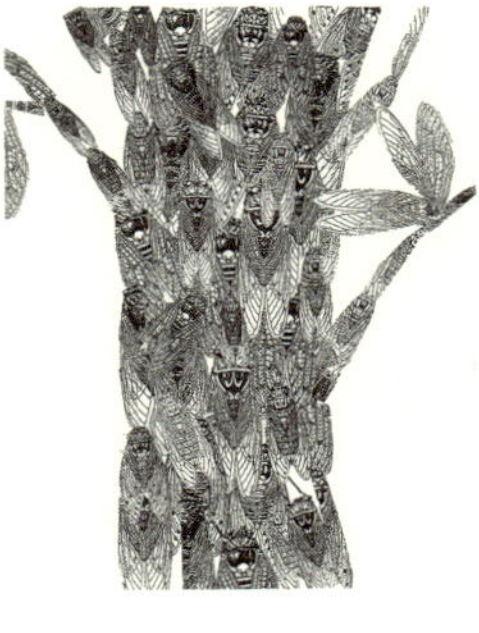

の声は知らなかった。

そしていつの間にか八月の末になり、ツクツクボウシの歌が始まる。毎年その時期になってはじめてぼくは、もう夏休みもすぐ終わってしまうこと、そして夏の宿題がまだたくさん残っていることに気づいて暗澹《あんたん》とした気持ちになるのであった。

本鳴きから求愛鳴きへ

セミが鳴くのはオスとメスが出合うためである。

オスは腹のつけ根に発音器をもっている。V字形の発音筋の下端が腹側の一点にしっかり固着され、左右に開いた上端部にある突起が、発音筋の伸縮に伴って、背中側にあるティンバルを急速に振動させる。それによって生じたティンバルの振動音が、腹部の共鳴室に共鳴して、あの大きな鳴き声になる。

メスは発音器がないので鳴かない。しかしオスと同じく、腹のつけ根の腹側にある貝殻状の蓋《ふた》の下に、大きな鼓膜から成る耳をもっていて、オスの声をちゃんと聞いている。そして、鳴いているオスのところへ飛んでいく。もちろん、そのオスの声が気にいったらの話である。

オスの近くにとまったメスは、さらに歩いてオスに近づく。メスに気づいたオスは本鳴きから求愛鳴きに鳴き声を変え、前肢でメスのはねの先をたたき、メスが逃げなければメスに乗りかかって交尾するという。

ただしこの時点でも、メスはなおオスを選んでおり、交尾相手として気にいらなければ、はねに触れるオスを振りきって立ち去ってしまう。

妨害音で他のオスを牽制する

セミは日本に三十種ほど、世界には約二千種いるとされているが、オーストラリアには中生代にいたムカシゼミ類の生き残りが二種いる。ムカシゼミにはオスにもメスにも発音器があるが、いずれも不完全なもので音は出せない。だからオスもメスも鳴かない。このためか、オスにもメスにも耳はない。つまり鳴かないセミである。オス、メスがどうやって出合うのか、よくわかっていないようである。

セミの耳は自分の種のオスの出す範囲の音がいちばんよく聞こえるようにチューニングされている。メスがオスの声を聞いてそこへ飛んでいくのはもちろんだが、オスも仲間のオスの声を聞いていて、そこへ飛んでいって多数集まることも多い。それによって、鳴き声が遠くまで聞こえてメスがたくさん集まってくるし、同時にメスがどのオスの声がいいか聞きわけにくくする効果もあるのではないかといわれている。

オスは近くに他のオスがくると、一緒にそろって鳴いてみたり、あるいはその反対に妨害音を出して牽制《けんせい》したりする。ツクツクボウシではそのようなことがよく見られる。

安全と時間のトレード

こうして一生けんめい鳴いてオス・メスが互いに求めあうセミたちも、命は短い。成虫になったらせいぜい二週間か三週間しか生きていないといわれている。

その代わり、幼虫（セミは不完全変態をするから、正しくは幼虫ではなくて若虫というべきである）の時代は長い。アブラゼミでは五年。卵が孵《かえ》るまでに約一年かかるから、卵から成虫になるのに合計六年かかるという。クマゼミとかミンミンゼミでも似たようなものらしい。

それは若虫が地中にいて、木の根の汁を吸って育つからである。木の汁には木の葉っぱとちがって栄養分がごく少ない。だから大きくなるのに何年もかかってしまうのである。けれど地中は比較的安全だ。セミは安全と時間のトレードをしているのである。

シャコ貝

サンゴ礁とシャコ貝の伝説

夏の沖縄の海はすばらしい。島々をとりまくサンゴ礁の海の何ともいえぬ美しい色。飛行機からそれを見下ろしたとき、だれしも感嘆のあまり沖縄のとりこになる。

滑ったりけがしたりしないよう、しかるべき履《は》き物をはいて、潮の干《ひ》いたサンゴ礁に足を踏み入れてみると、そこにはさまざまな生きものがいて、何度見ても飽きることがない。

昔、ぼくが子どもだったころ、日本は戦争中だった。南へ南へと進出した日本は、南海のサンゴ礁の島を次々と占領していった。新聞にも雑誌にも、それらの島々のサンゴ礁の話が載っていた。まだサンゴ礁というものを見たこともなかったぼくは、それらの

記事を読みふけった。

サンゴ礁には美しい魚や珍しい生きものがたくさんいるが、その中にはシャコ貝という大きな貝もいる。殻の長さが一メートルを超えることもある巨大な二枚貝で、それがサンゴ礁の中に大きな口をあけて横たわっている。どの記事にもそう書いてあった。

記事は次のように続いていく。サンゴ礁の美しさに気をとられて、うっかりこのシャコ貝の口に足を踏み入れたら大変だ。貝はその大きな口をぴったり閉じるので、足は一瞬にして殻にはさまれ、抜き出すことができない。あわてて殻を開けようとしても、巨大な貝はびくともしない。そのまま貝をひきずって岸へ逃げようとしても、貝は重くて一歩も歩けない。そのうちに潮が満ちてくる。シャコ貝につかまった人は、そのまま海で溺《おぼ》れてしまう。

子どものぼくにとってこれは恐ろしい話だった。南の海のサンゴ礁のシャコ貝のことは、ぼくの頭に沁《し》みついてしまった。戦争が終わり、ぼくが大人になって大学を卒業してからも、喫茶店などに飾られた大きなシャコ貝の貝殻を見るたびに、この話を思いだした。

美しい外套膜の秘密

ぼくが沖縄へ行く機会を得て、生まれてはじめてサンゴ礁というものを見るのはそれからまだ何年も後、ぼくが先生と呼ばれる身になってからのことである。

サンゴ礁のすばらしさに感激しているぼくに、案内役の学生が「先生、そこにシャコ貝がいますよ」といった。「え、どこに？」「そこ、先生の目の前ですよ」。でもそこには貝の姿なんかない。「ほら、これですよ」と学生は指さしてくれた。けれどそこには色とりどりの膜のようなものが広がっているだけで、貝の形をしたものはない。狐《きつね》につままれたような気持ちだった。

じつは昔ぼくらが読んだ記事はまったくのでたらめであったのである。

シャコ貝はサンゴ礁の割れ目などに、殻を開いた口を上にしてほとんど上向きになった形で入っている。ふつうの二枚貝のように横に倒れているのではない。そして殻はいつも開いたままになっていて、大きく開いた口の中の体もその外側の殻のへりの部分も、外套膜《がいとう》という膜で一面に覆われている。だから外から見たとき、アサリやハマグリのような二枚貝らしい姿などは見えないのだ。

そしてこの外套膜にはシャコ貝の種類によって異なるが、青や赤っぽい褐色など、美しい色がついている。じつはシャコ貝はこの美しい外套膜のおかげで生き、あんな大きな貝になれるのである。

この外套膜にはゾオクサンテラと呼ばれる単細胞生物が共生している。ゾオクサンテラは植物なので、太陽の光を受けて光合成をおこなう。つまり外套膜の中の水と二酸化炭素とから酸素と糖分を作るのだ。シャコ貝はこの酸素を使って呼吸をし、糖分を栄養として成長する。もちろん吸いこんだ海の水の中のプランクトンを消化して、チッ素分を得、それとゾオクサンテラからもらった糖分とからタンパク質を作り、それをもとに体や殻を作っていくが、その根本になるのはゾオクサンテラが光合成で作ってくれる糖分である。

だからシャコ貝は、水が一年じゅう温かくて美しく澄み、一年じゅう太陽の光がさんさんと降りそそぐ熱帯から亜熱帯の海にしかいないのだ。

急に殻を閉じられない

二枚貝としては珍しいこういう生きかたをするシャコ貝は、体の内臓の配置なども相当に変わっている。殻を閉じる筋肉も、ふつうは一対（二つ）あるものだが、シャコ貝には一つしかなく、急に殻をしっかり閉じたりはできないらしい。栄養を得るためには、いつも殻を開けて外套膜を大きく広げておかねばならないからだ。

昔ぼくが読んだのは、大きなシャコ貝の殻を見てだれかが勝手に想像した作り話だったのである。

トンボ

二億年前の精巧なヘリ

「あきつ」という名で『古事記』に登場して以来、トンボは日本を象徴する昆虫になった。

はねも長くてさっそうとしているし、体もすらりとスマートなトンボは、なかなかモダンな虫にみえる。

ところがじつは、トンボはおそろしく古い、まさに古代型の昆虫なのである。

今のカワトンボに近いトンボの化石がみつかるのは、恐竜の時代より古い古生代の二畳紀。今から二億五千万年以上前のことだ。

そのような大昔からトンボたちは、幼虫時代（不完全変態だから「若虫」時代といった

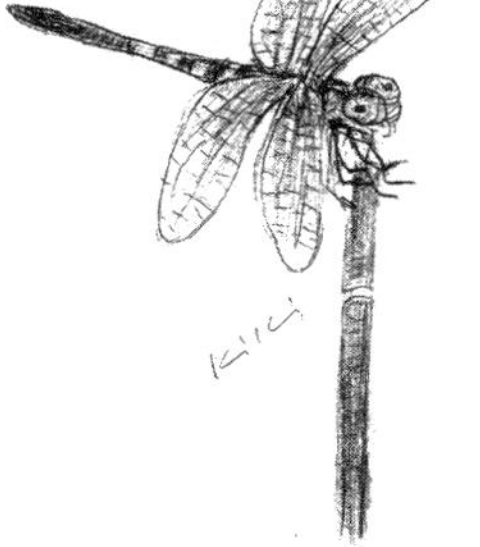

ほうがよい）を川や沼の水の中ですごし、成虫になるとはねがすっくと長くなって、自由自在に空を飛びまわっていたらしい。

体も昆虫の基本型に近く、成虫の体は頭・胸・腹という昆虫の特徴である三つの部分にきちんと分かれている。

あの大きな目玉と口しかない頭。四枚の長いはねと六本のあしがついた胸。そして長いはねとバランスを保つためだろう、細長く伸びた腹の三部分である。

トンボよりもっと古いカゲロウなどという昆虫では、胸と腹はつながっていて、区切りがよくわからないし、トンボより一億年近く後にあらわれたカブトムシのような新しい型の昆虫になると、胸が腹の下まで入り込んでいて、背中側から見ると腹にあしが生えているように見える。その点、トンボでは明快である。

トンボがはねを動かすしくみ

トンボが他の昆虫と変わっているところは、はねを動かすしくみである。

どういうわけか昆虫では、はねを動かす筋肉ははねそのものにはついていない。そうではなくて、胸の背中側と腹側を上下に結ぶ強力な筋肉があり、神経の指令でこの筋肉が伸縮すると、胸が上下にふくらんだりへこんだりする。すると胸の両側についた四枚のはねが左右同時に羽ばたくのである。つまり一般の昆虫では、この間接飛翔《ひしょう》筋と呼ばれる筋肉の伸縮による胸の動きによって、はねが上下に羽ばたくのだ。

どうしてこのようなことになっているのかわからないが、これは昆虫の偉大な発明の一つである。

ところがトンボだけはちがう。トンボの四枚のはねの根元には、それぞれにそのはねを動かす筋肉がついており、その筋肉の伸縮によってそれぞれのはねが上下に羽ばたくようになっている。鳥の翼の場合と同じである。なぜこのようになっているのか、これもまたわからないが、そのおかげでトンボたちは、四枚のはねをそれぞれ独立に動かすことができる。トンボがあんなに自由自在に飛べるのもそのためだ。

えものを捕らえる方法

だれでも知っているとおり、トンボの目はやたらに大きい。その代わり触角はごく短い。トンボは匂《にお》いなんかに頼らずに、飛びながらあの目で小さな虫を目ざとくみつけ、巧みにはねを動かしてあっという間に虫に近づき、一瞬のうちに捕まえるのだ。

そのときはあしが大いに役に立つ。トンボのあしは六本とも前を向いており、まるでえものを入れる籠《かご》のようになっている。えものの虫はこのあしの籠の中に捕らえられて逃げられない。トンボはそれを大きく頑丈な口でむしゃむしゃと食べていく。

籠のようになったあしは、歩くのには使えない。だからトンボはほとんど歩くことがない。何かにとまったまま、少し向きを変えるくらいである。とまる場所も平たい葉っぱの上ではなく、草木の細い茎とか芽や竿《さお》の先である。

このようなえものの捕らえかたをするから、トンボはたえず目をギョロギョロさせている。目で何か動くものをキャッチすると、すぐそちらへ向かって飛ぶ。

竿の先にとまっているトンボに、指先をぐるぐるまわしながらゆっくり近づけていくと、トンボはそれに合わせて目を動かす。トンボがぼくらの指の動きに慣れ、これはえものでも敵でもないなと「判断」して気をゆるめたときにさっと手を伸ばすと、うまくいけばトンボを捕まえられることがある。

空を飛んでいるトンボがいたら、ぼくは思わずその姿に見とれてしまう。それは、今から二億年も昔にできたこのトンボという生きたヘリコプターが、人間のごく最近の発明である飛行機械ヘリコプターにあまりにもよく似ていて、しかももっと精巧にできているからである。

イノシシ

野生の力強さ

十月も半ばを過ぎると、京都の山はもう秋である。シカもイノシシも繁殖の季節に入るころだ。

京阪電鉄の京都終点である出町柳から鞍馬《くらま》へ向かう叡山電車には、車体にシカやイノシシの大きな姿を描いた電車が走っている。イノシシの絵はとくにすばらしい。野生の力強さを思わせる一匹のイノシシが、何となく威厳に満ちた表情で描かれている。その脇にシカの絵もあるが、こちらは何となく小さくて弱々しい。

そんなふうに思うのは、たぶんぼくがイノシシに対してある尊敬の念を抱いているからだろう。

野生動物が次第にしいたげられ、立場を失っていく中で、イノシシは依然として、強く、健在であるように思える。

家畜のブタと同じ種類なのに、野生のイノシシの精悍《せいかん》で逞《たくま》しいこと。鼻先と牙《きば》で畑の土を掘りおこしていって、まんまと作物を食べてしまう。

案外単純な視覚的世界

畑の持ち主にしてみれば大迷惑な話である。昔から日本では畑のまわりにイノシシ除けの垣根（シシガキ）を張りめぐらしてきたが、どれくらいイノシシの被害を防げたのだろうか？ 垣根といっても、たいていはトタン板一枚の簡単なものだ。あんなもの、力の強いイノシシに一押しされたらかんたんに倒れてしまうだろう。ぼくはその効果を疑っていた。

ところが必ずしもそうではないらしい。

イノシシはかなり大きな動物だが、肢《あし》は短いので、目の位置も低い。目の前にトタン板の垣があると、向こうが見えない。向こうが見えないとイノシシは引き返してしまうのだそうだ。だから一見頼りなさそうなトタン板のシシガキは、十分役に立つのだという。

その証拠に、透明なビニールでかっこいいシシガキをつくってみたら、あっさり押し倒されて、効果がなかったそうである。透明では向こうが見えてしまうからだという。

そういえば、イノシシがこちらへ向かって走ってきたら、イノシシに雨傘を開いて向けると引き返してしまうというのをテレビでやっていた。この場合も、透明なビニール傘では効果がなかった。イノシシは案外単純な視覚的世界をもっているらしい。

育児と昼寝用に巣作り

イノシシは哺乳《ほにゅう》類の偶蹄目《ぐうていもく》イノシシ科に属する。つまりウシ科、シカ科と同じく、偶数（二つ）の蹄《ひづめ》をもつ仲間なのである。偶蹄目の大部分を占めるウシ亜目はいわゆる反芻《はんすう》をする。シカもこの仲間である。けれどイノシシ科は反芻をしない。

その他にも、イノシシは偶蹄目の中でかなり変わった特徴をもっている。

その一つは、偶蹄目の動物としては例外的に巣を作ることである。ウシもシカも出産や子育てのときさえ巣は作らない。ウシの巣なんて考えた人はいないだろう。ところがイノシシは、育児用ばかりでなく昼寝用とか休息用の巣も作るのである。

二つ目は偶蹄目としては例外的にたくさんの子どもを産むことだ。

ウシの子はふつう一頭だ。シカもカモシカも産むのは一頭である。ところがイノシシは何と一回の出産で二頭から十一頭の子を産むのだ。

一回に何匹子どもを産むかというのは、動物にとってたいへん重要な戦略の問題である。

一回に何万という子（卵）を産む魚もいるが、人間も含めた多くの哺乳類のように一回に一匹の子しか産まないものもいる。ネズミ類のように一回に十匹ほどの子を年に何回も産むものもいる。

いずれの場合も、野生状態では、結局のところオス・メス一つがいあたり一生に平均してほぼ二匹の子が残る程度である。それでバランスがとれているわけだ。これが三匹になると、その動物は毎年五〇％ずつ「人口」がふえていくことになり、たちまちにして人口過剰になる。逆に一匹になったら、たちまちにして滅亡に向かう。

イノシシがたくさん子を産むのは、子どもの死亡率が高いからである。その意味ではイノシシは決して「強い」動物ではない。他の動物たちと同じく、微妙な数のバランスの中で生きている動物なのである。ここにも人間と自然との間のむずかしい問題がある。

サギに冷たい？万葉人

歩きながら魚を捕らえる鳥

サギ（鷺）といえばだれもが純白のシラサギを思うが、サギにもいろいろな種類がある。

そもそもサギは、これも人々によく知られたトキやコウノトリなどと一緒に、コウノトリ目《もく》というグループに入れられている。いずれも肢《あし》が長く、浅い水の中をゆっくり歩きながら主に魚を捕らえて食ういわゆる渉禽《しょうきん》類である。

その中でサギ類と呼ばれるのは、分類学的にはサギ科サギ亜科に属するものであるが、これにも夜行性のゴイサギ類と昼行性のシラサギ類、アマサギ類とがある。われわれがふつう「サギ」とよんでいるのは、昼間に水辺で活動するシラサギ類である。

ダイサギ・チュウサギ・コサギ

ところが一口にシラサギといってもじつはダイサギ、チュウサギ、コサギと三つの種類がある。ダイサギはその名のとおり一番大きく、次がチュウサギなのだが、彼らは体の大きさだけがちがうのではない。

ダイサギはもともと南方系の種で、本州でも関東以南で見られ、冬はたいていフィリピンやオーストラリアに渡って、そこで越冬するいわゆる夏鳥である。

チュウサギも同じく夏鳥で、湿地や草地に住み、全体としてむしろ希少種に数えられている。

一方、コサギは本州に広く見られ、一年中同じ地域にとどまるから、われわれがシラサギといっているのはこのコサギである。

数も多く、近ごろは以前よりふえてきたように思われる。

体はシラサギ三種のうちで一番小さいが、頭の後ろに長い冠毛《かんもう》が二本あるのが、他のシラサギとのちがいである。ただし繁殖期が終わると、この冠毛はなくなってしまう。

繁殖は水辺の近くのいわゆるサギ山に大群をなして集まっておこなう。この集団にはコサギだけでなく、ダイサギやアオサギなどが加わることもある。

雌雄交代で巣を守る

三月末から七月初めにかけての繁殖期になると、集団営巣地にオスがやってきて、木の上に求愛のなわばりをもうけ、そこで求愛のダンスをすることが観察されている。メスはこういうオスを見てまわり、気にいったオスに近づくが、オスははじめはきびしく追い払うという。しかしやがてオスがメスを受け入れてつがいができ、巣作りが始まる。

巣と巣は互いに接近しているので、互いの侵入や巣材盗みを防ぐため、雌雄交代で巣を守る必要がある。

交尾は日に何回かおこなわれるというが、「正規の」つがい内での交尾ばかりでなく、オスが他の巣に侵入してそのメスと強引に交尾してしまう「つがい外交尾」もかなり頻々《ひんぴん》とおこるらしい。

卵は三個から七個。一日半おきに一卵ずつ産み、産みはじめたらすぐ抱卵にかかるので、卵の孵《かえ》る日もずれる。抱卵期間は三週間と少しだという。

親鳥は交代で餌を持ち帰り、吐きもどしてひなに与える。複数の子を育てる場合、子どもたちの間で受けとる餌の不平等がおこるのはよくあることだが、サギの場合にも同じ問題がある。あとから生まれ、したがってあとから孵ったひなは、しばしば餌不足で死んでしまうことがあるが、ワシやタカなどで知られているような兄弟殺しは、サギでは幸いにして報告されていないようである。

水辺に立つ清楚《せいそ》な白いサギの姿は美しいし、翼を広げて飛ぶシラサギもわれわれの目を楽しませてくれるが、彼らもそのようなきびしい子ども時代を経て運よく成鳥になれたのだと思うと、何か複雑な気持ちになる。

美形なのに歌に詠まず

サギの美しい姿と裏腹なのは、一つはサギが水のきれいな場所というよりは、餌が多い少し汚れた水辺を好むこと、そしてもう一つは彼らの集団営巣地の荒廃である。サギたちの巣が密集する林の木々は彼らの排泄《はいせつ》物でおおわれてまっ白くなり、枯れていく。昔は林がどこにもたっぷりあったから、サギたちは場所を移していけばよかったのかもしれないが、現在では林は限られている。水辺の貴重な緑の木々が荒れていくのは、景観という点だけからみても困ったことである。といってサギたちの営巣を制限するわけにもいかない。

そういえば、『万葉古代学』（中西進編著、大和書房）の一章にぼくが書いたように、あれほど目立つ「白鷺」が万葉集全巻の中にたった一首しか登場しないのもふしぎである。因《ちな》みにホトトギスは百五十五首も詠《よ》まれている。万葉時代の人々はシラサギにはあまり心をひかれていなかったのだろうか。

来年のえと「サル」

サルへの特別の感情

来年（二〇〇四年）のえとはサルである。町にはクリスマス商品と競うようにサル・グッズが並んでいる。

とにかくサルは人間に似ているので、人間はサルにはある特別の感情を抱くようだ。それはサルへの親近感であることが多いが、軽蔑《けいべつ》の感情であることもある。

かつてチャールズ・ダーウィンが進化論を唱え、世界は神が創《つく》り給《たも》うたものだと信じていた欧米の人々の心を揺すぶった。多くの人々は人間がサルから進化したと聞いて、みなそこはかとなく不安な気持ちになった。私たちはサルの子孫だって？　そんなことは信じられない。信じたくない。ほとんどだれもがそう思ったことだろう。

けれどそんな中で、「堕落した天使であるよりは、進化したサルであったほうがよい」と言ってのけた人もいたおかげか、進化論はやがて現代の常識となっていった。今では空の星はいうに及ばず、コンピューターまで進化することになっている。

霊長類の名前の由来

人間がサルの仲間の一員であることへの抵抗感は強かったが、それを少しでも薄めるつもりであったのか、動物学者はサルの仲間を「霊長類（プライメーツ）」とよぶことにした。プライメート（Primate）とは英国国教会の大主教あるいはカトリックの大司教のことである。サルは動物たちの中では大主教ないし大司教にあたる存在だというのである。日本ではそれを、「人間は万物の霊長」という表現になぞらえて、「霊長類」と訳すことになった。

人間の誇りはそれで保たれたわけであるが、それでもときどき誤解と混乱はおこった。もう半世紀以上も前、サルの研究が進んだころ、あるアメリカの霊長類学者が『霊長類の性生活』という本を書いた。英語で「セクシュアル・ライフ・オブ・プライメーツ」と題されたこの本の原稿を持ち込まれた出版社はびっくり仰天した。大司教の性生活？　とんでもない。出版社はこの本の出版を断ったという。

原猿類から真猿類が進化

そもそも霊長類は熱帯の森林で進化した動物である。だから現在でも、霊長類がいるのは熱帯から温帯までで、北の地方にはいない。日本は「文明国」の中でサルのいる珍しい国だといわれるが、事実、東北の下北半島にいるニホンザルは、世界で最北に住むサルである。

霊長類といえばサルだとみな思うが、ことはそれほどかんたんではない。霊長類の進化がはじまったころに現れた、今では霊長類の中の原猿類とよばれている仲間は、ほとんどサルらしくなどない。

キツネザル、アイアイ、ガラゴ、ロリス、メガネザルといった原猿類は、これがサルかという姿をしており、いずれも熱帯の森林の木の上に住み、夜行性で動きも鈍い。

やがてこの原猿類からわれわれのいうふつうのサルたち、すなわち真猿類が進化した。真猿類は頭が丸く、いかにもサルらしい顔つきをしている。両目が顔の前面にあるので立体視が容易になり、匂《にお》いでなく目で仲間や餌や敵を見分けるようになった。そのために活動もすばしこくなり、南米に住むヨザル（夜猿）という種類を除くすべてが昼行性である。

おもしろいことに、真猿類は地理的に二つの大きなグループに分かれている。一つはユーラシアからアフリカ大陸といういわゆる旧世界に住む旧世界ザルであり、もう一つはアメリカ大陸に住む新世界ザルである。新世界ザルの存在が知られたのは、もちろんコロンブスによるアメリカ新大陸発見ののちであった。

尾のあるなしで区別

真猿類にはさらに二つのグループがある。一つはニホンザル、オナガザル、オマキザル、ヒヒなどという尾のあるサル。もう一つはゴリラ、チンパンジー、オランウータンそしてテナガザルのような尾のないサルだ。それぞれ有尾猿、無尾猿と呼ばれている。英語では有尾猿をモンキー（monkeys）、無尾猿をエープ（apes）といって区別する。人間はこの無尾猿の一種なのだ。

モンキーはサルだが、無尾猿は類人猿、人間もこれに含まれるので学問的には類人類という。ふしぎなことに新世界ザルの仲間には類人類はいない。

人間はサルはサルでも尾のないサルだ。人間がサルから進化したことは間違いないけれど、正しくいえば人間はいわゆるサルではないのである。もともとしっぽはないのだから、まちがってもしっぽをつかまれる心配はない。

第2章

動物の言い分、私の言い分

稲むらの火

昨年（二〇〇四年）暮れのインド洋大津波からもうひと月以上経つ。あのとき以来ぼくの頭をずっと離れないのは、やはりあの庄屋五兵衛の「稲むらの火」の話である。かつて小学校国語の教科書で読んで受けた強い感銘は、そのままぼくの記憶の中に残っている。

「今の地震は、別に烈《はげ》しいというほどのものではなかった。しかし…」というあの話は、今も教科書に載っているのだろうか？　いやおそらくは載っていないだろう。この何十年間というもの、「稲むらの火」ということばが人の口にのぼるのを聞いたことはなかったからである。

ぼくは娘に頼んでインターネットで探してもらった。そうしたらちゃんとあった。「防災システム研究所」という研究所のホームページに、じつにくわしく述べられていた。ぼくが昔読んで感動した教科書の文章も、これの教科書再掲載運動に賛同する山村武彦氏によって、全文が紹介されていた。

あらためて読んでみてわかったのは、その地震のゆれ方と地鳴りとは庄屋の五兵衛も経験したことのないものだったということである。五兵衛は津波の予備知識をもっていたわけではなかったのだ。

しかしその不気味さから「これはただ事ではない」と察知した五兵衛は、思わず浜に近い村を見下ろす。そして、波が沖へ沖へと引いていくのに気づく。

大変だ。津波がくるにちがいない。これは知識でも情報でもなくて、五兵衛の勘であった。

すぐさま五兵衛は大きな松明《たいまつ》を手にし、庭の稲束に次々に火をつけてまわる。火は燃え上がり、寺の早鐘が鳴る。海辺の村の人々は庄屋さんの家が火事だと丘へ駆けあがってきた。

村人たちの騒ぐ中で、五兵衛はもう薄暗くなっていた海を指さす。「見ろ。来たぞ」

それはまさに津波であった。津波は浜辺の家々に襲いかかり、すべてをえぐりとっていった。

人々は自分たちがこの稲むらの火によって救われたことに気づき、ことばもなく五兵衛の前にひざまずいた。

よく知られているとおり、これは一八五四（安政元）年の南海地震のとき、今の和歌山県有田郡広川町におこった実際の話である。庄屋五兵衛のモデルは醤油製造業の濱口儀兵衛氏。今、広川町役場の前には松明をもって走る儀兵衛の銅像がある。

さらに一八九七（明治三〇）年、小泉八雲（ラフカディオ・ハーン）が外国で出版した英文の本の中でこのことを綴《つづ》っており、これに感銘した小学校教員中井常蔵氏が書き改めたものが教科書に載ったということだ。この一文の奥の深さをあらためて知った。

五兵衛が「これは、ただ事ではない」と感じ、「きっと津波がくる」と直感したのは情報の問題ではないし、稲むらに火をつけたのも咄嗟《とっさ》の思いつきだ。そしてそれが人々を救った。情報システムは大切で不可欠だが、それですべてが解決するわけではないことを忘れてはなるまい。

京都議定書

地球温暖化防止の京都議定書がやっと発効した。世界の人々が熱気を込めて京都に集まったCOP3から、なんと七年も経っている。

「国」というものが間に入ると、急を要するものごとにいかに時間がかかるようになるかを示してくれる一つの例にまたなった。

しかしいずれにせよ、これで「京都」の名が世界にさらにアピールされることは、京都に住む者にとってうれしいことである。京都市もいろいろな動きを始めており、われわれの地球研（総合地球環境学研究所）も京都市からの要望を受けて、全面的に協力するつもりでいる。

とはいっても、問題はそれほどかんたんではない。そもそも七年も経つうちに、世界の二酸化炭素濃度は、新聞などで報道されているとおり、ますます高くなってしまっている。それを目標値まで下げるには、並大抵ではない努力が必要である。

二酸化炭素の排出を減じるという面では、日本は相当な注意を払ってきた。企業もこのことに多大の関心をもち、数々の改良を重ねてきている。ハイブリッド・カー（ＨＥＶ）や、燃料電池車（ＦＣＶ）の開発もその一つの例である。

日本に課せられたCO_2排出削減の目標値は、そのような努力の上に立った一九九〇年の排出量をさらに９％下げるというものであった。そして現在の排出量は、一九九〇年の値を大幅に上回っている。日本のこれまでの努力を誇っているわけにはいかないのだ。

かつて四十年ほど昔フランスにいたときに、大きな建物の長い廊下の電灯には当惑した。エレベーターで目的の階に着くと、夜なので廊下はまっ暗である。エレベーターを降りたところにあるボタンを押して、電灯をつける。

ところがそれで安心して歩いていくと、数メートルのところで突然に電灯は一斉に消えてしまうのだ。さあ、どうしたらよいか。暗闇の中でボタンを探すが、おいそれとは見つからない。やっと探り当てたボタンを押して電灯をつける。だがしばらくいくと、電灯はまた突然に消えてしまうのだ。

要するに、電灯は一分足らずで消えてしまうので、歩きながら次々に廊下のボタンを押していかねばならないのだ。何というケチくさい国だとぼくは呆《あき》れた。

だが今にして思えば、あれでよかったのではないか。

安全のためを考えても、町や道路は明るくあってほしい。けれど日本の経済発展に伴って現れてきた、押せばすぐつくテレビとかいう「便利で進歩した」ものは、果たしてほんとうに進歩だったのだろうか？　昔大いに評判になった、「三分間、じっとがまんの子であった」というレトルトカレーのＣＭのことをふと思い出してしまった。

来月四月の一日に、恒例の地球研市民セミナーで、早坂忠裕教授が「地球温暖化、ホント？　ウソ？」という話をする（寺町の同志社新島会館、夕方六時半から）。エイプリル・フールの日だからといってウソだという話にはならないだろう。どんな話かたのしみにしている。

二つの美

つい先日、京都のある財団の研究助成金贈呈式で、「日本の美と西洋の美」と題した高階秀爾先生のたいへんおもしろい講演を聞く機会に恵まれた。

「いちばん美しい女性にこのリンゴを渡して下さい」というギリシア神話のパリスの審判の話から始まって、数多くの名画を対比しながらの講演は、じつにわかりやすく、含蓄の深いものであった。

とくにぼくが心をひかれたのは、先生が次々と例をあげて指摘された西洋の絵と日本の絵との、対象への迫りかたの大きなちがいであった。

たとえば、パリスの審判の西洋の絵では、私こそいちばん美しい女だと名乗りでたヘラ、アフロディーテ、そしてアテナという三人の女神が描かれているが、少しずつちがう角度で立っている三人のまわりに、その足もとから背景、近くにいる人までが克明に描きこまれていて、どんな場所でどのようにものごとが進行したかが明瞭《めいりょう》にわかる。

後姿の女が鏡に自分の顔を映しているという構図の絵では、女がすわっている椅子《いす》やクッション、床の敷物の図柄からそこにさりげなく置かれた物、そしてのぞきこんでいる鏡の形から縁どり、鏡の置かれたテーブルに敷かれた布、テーブルの隅に置かれた小物から、部屋全体の様子までがびっしり描かれている。

この鏡を見る女という構図の絵は日本にもたくさんあり、女の美しくなまめかしい姿を見事に表していることは西洋の絵とまったく変わりはないのだが、先生が例にあげられた日本の絵には、背景というものが一切ないのである。

描かれているのは対象である女と鏡の中の顔だけ。鏡そのもののディテールも示されていない。そしてそのまわりは完全な空白で、色すら塗ってない。

先生は踊る女の絵もいくつか示された。西洋の絵では、踊っている女とそれをとりまく何人かの人々、踊りが踊られている林の一角の木や草や野の花や遠くに見える教会の塔までが精密に描かれている。

しかし先生が示された日本の絵では、描かれているのは踊っているその女だけ。踊りの手つき、体つき、顔の表情はさすが巨匠のことだけあってじつに見事なのであるが、背景は何もなし。絵は完全に対象である踊る女だけに絞られている。こういう絵を外国人に見せると、この人はどこで踊っているのかと聞かれるという。

全体の状況の中での美と、その対象一つに集中した美。どちらも美しいものを描こうとしているのに、西洋と日本におけるこのちがい。かつて西洋で絵を学んだ日本人で見事な西洋式の作品を生みだしている画家にも、日本に帰ったあと完全に日本式の絵を描いた人もいるし、日本の方式で描いてみる外国人もいるそうだ。どうもこれは、和魂洋才などというような単純な問題ではなさそうである。

トルコの旅で感じたこと

五月の終わりから一週間ほど、研究所の研究プロジェクトの一環としてトルコを訪れてきた。そこでひしひしと感じたのは、われわれが一口にトルコと呼んでいる国の地理的、歴史的複雑さであった。

そもそもトルコ地方などという地域があるわけではない。現在のトルコ共和国があるのは、地理的にはアナトリアという場所であって、そこに住んでいた人々は、トルコ人ではなくアナトリア人であった。

ところが、アジアの一番西のはずれに当たるこのアナトリア地方は、かつては古代ローマ帝国の一部であった。

その発祥の地であるイタリアのローマから遙か東方に勢力を広げたローマ帝国の皇帝コンスタンティヌス一世は、ヨーロッパの東の端に当たるビザンティウムを首都としたビザンティン帝国の祖となった。

ビザンティウムはコンスタンティノープルと呼ばれることになるが、これは今のトルコ共和国の西の端にあるトルコの大都市イスタンブールに他ならない。だから、今日のトルコには、イスタンブールの地下大貯水池や石造の水道橋など、ローマ帝国時代の壮大な建造物が残っている。

成立以来千年も続いたキリスト教のビザンティン帝国は、十一世紀ごろ中央アジアからアナトリアへ移住してきた広義のトルコ人（テュルク語をしゃべる諸民族）たちが十三世紀の終わりに創ったオスマン帝国に押されるようになる。そして十五世紀半ばにはコンスタンティノープルも攻略されて、ビザンティン帝国は滅亡。オスマン帝国の時代になる。国教もがらりと変わってイスラム教へ。

それ以来アナトリアは、ヨーロッパはオーストリアまで、アフリカはアルジェリアまで、南はギリシアのキプロスに至る大帝国となったオスマン帝国の中心地として栄えることになった。

時代が下って十九世紀に入り、第一次世界大戦でオスマン帝国が敗れると、現在のトルコ国の建国が始まる。

ムスタファ・ケマルを中心とする苦難に満ちた闘いの末、一九二三年独立国として世界に認められる。一九二三年十月二十九日にはトルコ国は共和制を宣し、ムスタファ・ケマルが初代大統領となって、イスラム教を国教とすることの廃止、ローマ字の採用その他諸々の改革を伴ったトルコ共和国が成立した。ムスタファ・ケマルはアタテュルク（トルコの父）と呼ばれるようになり、現在でも国内のあちこちにその肖像画が掲げられている。

かつての祖先の地、中央アジアから移ってきた広義のトルコ人たちも、移住の途上で多くの民族との混血を経ているので、人々の肌や髪、目の色など容貌もじつに多様だ。けれどこういうのは世界ではよくある話。そのような歴史的認識なしに世界だ、グローバルだと論じるのは意味がないことを、あらためて感じた貴重な一週間であった。

遠野を訪れて

この十七日から三日ほど、相変わらずいつもの慌ただしい日程ながら、柳田國男ゆかりの遠野を訪れることができた。

じつはぼくは昭和三十年代に、東京・成城の柳田國男先生の家に下宿させてもらったことがある。國男先生のご長男である為正さんが旧制成城高校の出身であり、しかも動物学の研究者であったので、成城学園生物部の先輩としてよく知っていたからであった。

下宿までさせていただくことになったいきさつは、かつて『柳田國男全集』の月報に書いたとおりだが、そのおかげでぼくは柳田國男先生が使われていた部屋にしばらく住まわせてもらい、先生ともお話をする幸せに恵まれた。

それなのにぼくは、柳田民俗学の原点ともいうべき遠野へは、今まで一度も行ったことがなかったのである。

そうしたら六月の末だったか、為正氏夫人の冨美子さんから、久しぶりに近況を知らせるお手紙をいただいた。その末尾には、冨美子さんが遠野につくられた柳田山荘に七月半ばごろ行くつもりだと記されていた。それならこの機会にぼくも家族で遠野へ行ってみようと思いたったのである。

柳田山荘を訪れ、市役所の方々に連れられて冨美子さんともども初めて遠野を目にしたぼくには、さまざまな思いが交錯した。

あの『遠野物語』の遠野と今生きている遠野。長らく独自の存在を続けてきた宮守村を併せて十月には新遠野市になろうとしている遠野。

その新しい遠野には、遠野市立博物館をはじめとして、古くからの遠野の面影を残すいろいろなものがあちらにもこちらにもある。そのいくつかを訪れるだけでも大変であった。ぼくはその一つ一つに昔を思い、民話の世界を想像した。

広い遠野の地はどこかに立って一望できるものではない。早池峰《はやちね》ははるか彼方《かなた》。美しい形の薬師岳のうしろにちらりと見えるだけである。『遠野物語』にしばしば出てくる六角牛《ろっこうし》の山はそのまったく逆の方向。その間にある荒川高原には、牛と馬の広大な放牧場が広がり、古くから南部駒の大産地であったことに思い至る。近年あちこちの高みには風力発電装置がいくつもとりつけられ、全国でも有数といわれる遠野の風で、大量の電力を生み出している。今や遠野は、座敷童子《ざしきわらし》やカッパやオシラサマだけの世界ではないのである。

しかしこの広い遠野に昔から多くの人々が住み、働いてきた。そこに数々の、かなりおどろおどろしい民話が生まれたのもふしぎではない。

それらの民話の意味は何であったのか。『遠野物語』から何を読み取るべきなのか。今われわれにはそれを考えることが求められている。ひしひしとそれを感じた旅であった。

環境と環世界

今年の六月、ユクスキュルという人が書いた『生物から見た世界』という本を、羽田節子さんとの共訳で、岩波文庫の一冊として出版することができた。「環世界」という重要な概念を、今から七十年も前に提唱した有名な本である。

今、世の中には環境とか地球環境とかいうことばが溢《あふ》れている。何かといえば環境、環境問題だ。二十一世紀は環境の世紀だともいわれている。

たしかに環境は大切な問題だ。けれど、その環境とは何かというと、これがまたきわめて漠然とした概念なのである。環境問題とは地球温暖化のことだと思っている人もいるし、ゴミ問題だと思っている人もあるというように、人によってじつにさまざまだ。

ユクスキュルのこの小冊は、茂みの中にいるダニの話から始まる。人間や動物の体にとりついて血を吸うダニは、茂みの小枝にじっととまっている。

ダニのまわりに広がる茂みの草や木、ふりそそぐ日の光、そこに人知れず咲く花、その色や香りとそれにひかれて訪れてくるチョウやハチ、枝葉のそよぎとそのかすかな音。ダニのまわりに広がるさまざまなものが、このダニの「環境」である。

けれどダニには目がないから、これらのものは何一つ見えない。日光の明るさを皮膚光覚によって漠然と感じているだけである。花の香りもそよ風も、ダニには何の関係もない。

ダニがひたすらじっと待っているのは、たまたま茂みの中を通りかかる動物の体から発するかすかな匂《にお》いである。ダニの鋭い嗅覚《きゅうかく》器官がこの匂いをキャッチすると、ダニはとたんに小枝から離れ、その動物の上に落ちる。そして動物の体の温かさと皮膚の手ざわりを感じたら、ダニはそこへ口吻《こうふん》を差しこんで血を吸い、その栄養で卵をつくって子孫を残す。

われわれに見える茂みという環境は、ダニにとってはじつは存在しないにも等しい。ダニにとって意味のあるのは、その中に突如出現する動物の匂いと温かさと皮膚の存在だけであり、これがダニの世界となっている。つまりダニは、数多くのものが存在する「環境」の中から、自分が意味を見出しているものだけを選びだし、それで自分の「環世界」を構築しているのだ。そしてダニという主体にとって存在しているのは、ダニが主観的に意味を与えて構築しているこの環世界だけなのだ、というのである。

このいささかカント的な環世界論は、かつては多くの批判も浴びたけれど、今では人々の強い関心をひくに至っている。そこには今日われわれが環境問題を考えるときに、けっして忘れてはならないことが明確に論理的に示されているからである。それは、われわれ人間はいつも客観的な環境というものを見ていると思っているけれども、それこそじつは人間の環世界にすぎないのだ、ということである。

日本庭園は自然か？

何人かの人たちの間で、話がたまたま庭園のことに及ぶと、どうやら落ち着く先はいつもきまっているようにみえる。西洋庭園は人工だが日本庭園は自然だということだ。日本人だけの場合でも、外国人を交えての場合でも、この結論には変わりはないし、たまたま手にする新聞や雑誌の記事にも、いろいろな人が同じような思いを述べている。欧米で人工の極みをつくした西洋庭園にうんざりしたが、自然のままの日本庭園を見てほっとしたというのである。

だがほんとうにそうだろうか？

忙しさにかまけて庭園をゆっくり見ることも少ない、というより、もともと文化的素養もほとんどないぼくは、ついそんなことを思ってしまうのである。

たしかに日本庭園は自然である。幾何学的な美を追求して整然と整えられた西洋庭園とはまったく異なって、自然のままに木の茂る築山《つきやま》があり、その手前の池には小さなせせらぎが流れこんでいる。その間の小道をたどっていけば、思い思いの姿をした灌《かん》木や茂みが心を和らげてくれる。その枝先にひそやかに咲いている花をみつけて心を打たれることもあろう。人々はそこに自然のさりげない美しさと落ち着きを感じる。

けれどふと気がつくと、築山をよぎってつづく土の小道の道ばたには、草など茂っていない。大木に覆われた暗い森ではなく、明るい林の庭なのに、茂みや灌木の間には、草一本生えていない。こういう明るい場所ならば、自然にいろいろな草が生えてくるはずだ。人はそれを雑草というが、そういう場所ではそれも自然の姿なのである。

美しいといわれる庭園では、そのような草は、すべてきれいに抜きとられているのだろう。あらためて見まわせば、木も灌木も勝手に生えたものではなく、造園家の配慮に従って、しかるべき位置に植えられたものである。それ以外の場所にだって、どこからか種子が飛んでくれば、思わぬ木や草が生えてくるはずなのに、そういうものはない。これらもまた、細心の手入れによって絶えず排除されているのである。

つまり日本庭園はけっして自然なのではない。みごとに自然を演出した人工なのである。その意味では人工の美といわれる西洋庭園と何一つ変わるところはないのではないか？

もちろん大きな日本庭園の奥のほうには、ほとんど自然のままの林が広がっている場合もある。けれどふつう讃《たた》えられている美しい日本庭園は、細心の注意を払って巧みに自然を模した人工の産物なのである。

西洋の文化とはちがって日本人は自然を愛し、自然を愛で、自然と共に生きてきたとよくいわれる。それが東洋の心であるともよくいわれる。この言いかたにぼくはいささか疑問を感じている。

一年を計る時計

毎日の仕事に追われて過ごしているうちに、ふと手帳の日付を見て、ああ、また一年経ったのかと思う季節に今年もなった。

けれどたいていの生きものたちにとって、一年とはもっとめりはりのある時間である。

桜は一年に一回、春にしか咲かないし、奥山で鹿が鳴くのも年一回だ。

生きものたちは、気温とか地温とか昼夜の長さなどといった四季の移り変わりを、体で敏感に感じとっているにちがいない。

けれど、一年という長い時間の間じゅう、そんなことを感じつづけていられるのだろうか？

そんな疑問を感じていた生物学者たちは、昔から、「概年時計」というものがあるのではないかと想像していた。ほぼ一年を周期とする体内リズムのことである。

われわれ人間も含めて、ほとんどすべての生きものが概《おおむ》ね一日を周期とする「概日リズム」なるものを持っていることは、かなり前から証明されていた。外国へ旅したときの「時差ボケ」も、この概日リズムの乱れが原因である。

満月から次の満月までの期間を周期とする「月周リズム」をもつ生物もいる。それなら一年を周期とする概年リズムもありうるのではないか?

けれどその証明はむずかしかった。

そんなとき、先日、おもしろい論文が送られてきた。京大理学部動物学教室の出身で、今は大阪市大の教授をしている沼田英治氏のグループの論文である。

昔から毛織物や昆虫標本、カツオブシなどの害虫として知られているヒメマルカツオブシムシという小さな昆虫がいる。この昆虫はとても長生きで、年一回、初夏のころだけに成虫が現れ、そういう乾燥した動物質に卵を産む。孵《かえ》った幼虫はゆっくり育って、翌年の初夏に成虫になる。

沼田氏たちがこの幼虫を、温度も湿度も昼夜の長さも一定にした恒常条件で飼い続けていると、ほぼ三七週目ごとにサナギになり、成虫になることがわかった。季節的変化というものがまったくないのだから、この虫の体内にそういう自律的リズムがあるとしか考えられない。三七週というのは、大きく見ればほぼ一年にあたる。飼育温度をいろいろに変えても、このリズムは変わらなかった。

そしてそのリズムのある時期に、昼の長い日を何日か入れてやると、その時期によって、サナギになるのがぐっとおくれたり、早まったりするのだった。

リズムが自律的で、その周期が温度によって変わらないこと、そしてある処置によってその位相がずれること、これは生物の体内リズムの特徴とされている。この小さな虫にほぼ一年を周期とする概年リズムがあることは、これで証明されたと言えるだろう。この虫はこの体内リズムを「概年時計」にして、一年を計っているにちがいない。

「未来可能」とは何か

かつて日本では、日本列島改造論なるものが一世を風靡《ふうび》した。その掛け声のもとに、道路予定地しかないとアメリカ人に笑われた日本には、立派な高速道路が次々にできた。そして、壮大な黒部ダムや高速の新幹線、そして世界に先駆けた海底トンネルの建設など。人々はそのロマンに酔った。

改造の波は至るところに押し寄せた。日本じゅうで海や沼地の干拓がおこなわれ、旧式の農地は改良されて、栽培や灌漑《かんがい》のやりかたも一新された。海の浜辺は埋め立てられ、富士の裾野《すその》は煙突の林になった。野山は開かれて町になり、都市は近代化されて高層建築が立ち並んだ。

こうしてかつてのおくれた貧乏国日本は、今や便利快適な富を享受する先進国に成長した、と国民のだれもがそう思った。

けれど、こういう波は日本だけにおこったのではない。第二次大戦後の世界は、ほとんどおしなべてこの「改造」の夢に酔っていたのである。

いや実は、それはもっとずっと前から始まっていた。すでに十九世紀、ヨーロッパ諸国が世界の「辺境」に植民地獲得を志し、いわゆる産業革命の成果に乗って近代文明を築こうとする情熱にとりつかれてから、それは延々と続いてきたのである。

その情熱の根源にあったのは、自然の支配と改造という願望であった。二つの大洋を隔てる陸地に運河を造ることから始まって、人間はこの地球の大地を改造しようと、あらゆる努力を傾けてきた。

その涙ぐましい努力が原動力になって、ものすごい技術が次々に開発されていった。それは世界の大自然を、人間の欲望に応えるように作り変えていくことを可能にした。

資本主義、社会主義などというイデオロギーも、この波を支える力として働いたにすぎない。たとえば旧ソ連は、社会主義国で綿花を生産するために、二つの大河の水系に大々的に手を加え、面積世界第四位だった大湖アラル海を事実上消滅させてしまった。

このような数限りない支配と改造の執念の結果、人間は今、いわゆる地球環境問題という未曾有の脅威にさらされることになった。

それらはすべて、たとえば今ここに水が無いならば、何とかしてよその土地から水をもってこようという「改造」の発想にもとづくものだったと言える。けれど、今日の地球環境問題はわれわれに、「その発想はもうだめだ」と言っているのではないか？　今われわれ人間は、この昔からの「改造」という思想を越えて本当に持続可能な、いや「未来可能な」生きかたを探れと迫られているのである。

「地球研」が設立されて早や六年目、京都上賀茂に新建物も完成した。研究成果の総合の上に立って、設立の趣旨にあるとおり、未来に向けた忌憚《きたん》ない発言と指摘をしていきたい。

珊瑚の未来

今、沖縄のサンゴ（珊瑚）がかなり心配な状況にあるらしい。このところ新聞などでサンゴやサンゴ礁のことがよく話題になるのもそのためだ。

その一つはかなり前から問題にされている、サンゴの白化である。サンゴ本来の色がぬけて白くなり、結局は「枯れて」しまうのである。

原因は水温だとされている。

海水の温度がある程度以上高くなると、サンゴの体内に共生している藻類が死んだりぬけ落ちたりして、サンゴが白っぽくなっていき、その藻類からもらっていた栄養がなくなって、サンゴが弱っていくのである。

海水の温度が上がるのは、地球温暖化のせいだといわれている。本来、サンゴは暖かい海に生きるものである。だから地球温暖化はサンゴにとって有利なはずである。けれど温暖化のために海水温が上がりすぎると、人間の想像に反して、サンゴはだめになってしまうのだ。

テレビではよく見るように、サンゴ礁にはさまざまな美しい魚たちがたくさんいて、夢のような世界になっている。

この魚たちには、サンゴにつく虫のような小動物を食べているものもあるが、中にはサンゴそのものを食べているものもある。

サンゴを食べる魚はサンゴ礁の敵であり、サンゴにとってけっしてありがたい存在ではない。けれど、一見サンゴをつついて食べているように見えながら、じつはサンゴを守っている魚もいるのである。

とくに、がんじょうな歯をもっていて、サンゴをばりばり噛《か》み砕いて食べると思われていたブダイという大きな魚たちの中に、じつはサンゴそのものをではなくて、サンゴの表面に生える海藻を食べているものがいることが最近わかってきた。

そういう魚はサンゴが生き残っていく上で、とても大切な役に立っている。つまり彼らは、サンゴが海藻で覆われてしまわぬよう、たえず掃除をしてくれているのである。

そういう魚がいると、サンゴには日光が十分にあたり、サンゴは元気で生きていける。有名なオニヒトデがやってきてサンゴが食べられてしまっても、元気なサンゴなら回復力も強いから、オニヒトデの大群に襲われても、全滅してしまうことはない。一見するとサンゴの敵のようにみえる魚が、じつはサンゴを守っているのだ。けれど今、こういう魚は高級な食用魚としてどんどん捕らえられている。サンゴを海藻から守ってくれる魚がいなくなると、サンゴの未来は危うくなる。

海の水がきれいなことはサンゴにとって何より大切なことである。陸上から海に流れこむ土砂もサンゴの大敵である。そういうことは前から知られていた。しかしもっと他にも思いもかけず大切なもののたくさんあることが、次々とまた新しくわかってきているのである。

地球研いよいよ上賀茂へ

いよいよ地球研（正式には大学共同利用機関法人・人間文化研究機構・総合地球環境学研究所）の新しい建物が、京都の北区上賀茂にオープンした。

これまでお世話になっていた河原町丸太町の旧春日小学校からの引っ越しもほぼ終わり、研究所の仕事も動きだしたので、展示その他まだ完成していない部分もあるけれど、遠からず皆さまに見ていただけることになると思う。

場所は京都大学の旧上賀茂演習林（現在京都大学フィールド科学教育研究センター）の一部を、京大の御理解と御尽力で約三万平方メートル譲っていただいた。

叡山電車の二軒茶屋駅から歩いて十五分ほど。京都精華大前駅からも同じくらい。京都市営地下鉄烏丸線の終点、国際会館駅からバスかタクシーで十分たらず。ということは、京都駅から三十分そこそこの距離だということである。府道40号線（国際会館から二軒茶屋経由で鞍馬へ向かう新道）沿いにあり、大きな案内標識も立った。

もともと大学の演習林だったところだから、自然は豊かである。そこへ地球環境問題の研究所を建てるのだから、自然との折り合いをどうつけるかということにもっとも気を遣《つか》った。

まず植物をできるだけ損ねない。もともとこの土地になかった植物は植えない。たとえ種類としては同じでも、遠くからもってきたものは遺伝的に違いがある。そういうものはけっして持ち込まない。

建物の高さや配置にも業者ともども苦労した。木の仮移植も大量におこなった。そのいきさつは雑誌『波』（新潮社）四月号に書いたとおりである。何よりも業者がよく理解して協力してくれたのがうれしかった。

地球研は、いわゆる地球環境問題なるものの根源は、自然を支配して生きようとする人間の生きかた、つまりことばのもっとも広い意味における人間文化の問題にあるという基本認識に立って、問題解決への学問的道筋を探ろうとしている。

そのために十数本の研究プロジェクトを立て、それぞれにさまざまな分野の人が十数人近く集まって研究を進めている。研究室はみな大部屋で、個室はない。しかもそれがすべて同じフロアに並び、共通の空間で連なっている。どこへ移動するときも、いろいろな人々とあいさつを交わしながらいくことになる。プロジェクトの蛸《たこ》つぼ化を防ぐためだ。

食堂の営業は成り立たないが、気楽なダイニングの部屋もあり、世界各地の研究現場からのおみやげは絶えない。それをみんなで料理して食べるのも楽しみだ。

惜しむらくは、所長室や事務室から目の前の比叡山がほとんど見えないことだ。山の中にあまり高い建物を建てるのを避けようとした配慮が、少々残念な結果を生むことになったのだろうが、これも自然との折り合いと思えばしかたがない。オオタカはどうやら元気で、この一帯の林の一部にすみついているようである。

外来生物の幸運

エビガニとも呼ばれて今ではだれにでもよく知られているザリガニは、正式の名をアメリカザリガニという。アメリカから入ってきた外来生物だからである。

日本に入ってきたのは古く一九三〇年のこと。すでにアメリカから輸入されていた食用ガエル（ウシガエル）の餌として神奈川県の池に放たれていたのが大雨のとき逃げだし、もともと日本にいたニホンザリガニを追い払って、広く日本にすみついてしまったのである。

アメリカからの外来生物には、第二次世界大戦後、アメリカ進駐軍とともに入ってきた、アメリカシロヒトリという蛾もいる。ヒトリガ（灯取り蛾）の仲間のまっ白くてかわいらしい蛾であるが、幼虫は桜その他の街路樹の葉を丸坊主にしてしまう毛虫である。

この虫も数年のうちに、北海道と南九州を除く、ほとんど日本全土に広がってしまった。

こういう外来生物は、新しい土地でなぜそれほど元気よく増えていけるのだろうか？新しい土地には敵がいないからだともいわれる。けれどじつはそれだけではない。そこには、たまたまの幸運のようなものがあるのだ。アメリカシロヒトリの繁殖行動を研究しているうちに、そのことがよくわかってきた。

この虫はもともとはアメリカ合衆国のかなり北部にいる虫である。その故郷の地にくらべると、日本の夏は相当に暑い。

いろいろ調べてみると、この蛾はどうやら温度がセ氏二〇度から一八度という涼しい時間に交尾するらしい。

蛾であるから、交尾するのは夜である。ところが日本の夏の夜は暑すぎる。そこでアメリカシロヒトリは、一晩じゅうじっと待っているほかはない。

幸いにして朝四時になると、さすが暑い日本の夜も、ちょっとの間だけ気温が二〇度以下になる。そのほんの一時間足らずの間に、蛾は大急ぎで交尾して、子孫を残すのだ。

ところがこの蛾は一年に二回、五月と七月に成虫になって繁殖する。

夏の七月に成虫になった蛾は、今述べたように、暑い夜を一晩じゅう待って、朝涼しくなったら子孫を残す。

けれど五月に成虫になった蛾は、そうはいかない。日本の五月はけっこう寒いのである。日が落ちて暗くなったら、昼のぬくもりがまだ残っているうちに交尾を終えてしまわないと、寒くて体が動かなくなる。

そのためには、夕方まだ明るいうちに、サナギから出て蛾になっておかねばならない。それは鳥の目につくので大変危険なことなのだが、子孫を残すためにはしかたがない。五月に出る成虫はこの方式をとる。

夏の方式も五月の方式も、この蛾が日本で発明したわけではない。もともと備わっていた性質が、たまたま日本で利用できただけのことなのである。それは幸運なことであった。

梅雨に思う

　このところ、いかにも梅雨らしい日がつづいている。

　梅雨のことは英語ではrainy seasonというのだそうであるが、ぼくにはどうもしっくりこない。rainy seasonとは雨期のことである。たしかに梅雨にはよく雨が降るが、雨が降るのは梅雨の時期ばかりではない。

　京都では梅雨が明けたら祇園祭ということになっているのだが、祇園祭に雨が降ることも珍しくない。梅雨が終わったら乾期になるというわけではないのだ。

　そもそも日本には雨期とか乾期とかいうものはなく、雨は一年じゅう随時降っているのである。

　とにかく日本は雨量の多い国である。雨と雪をあわせた一年間の総降水量は一七〇〇ミリほど。つまり一年じゅうに降る雨を全部ためたとすると、深さ一メートル七〇センチチになるという、大変な量なのである。

世界には一年間の降水量が三〇〇ミリとか四〇〇ミリという地域がたくさんある。いわゆる砂漠地帯になったら、年間総降水量は一〇〇ミリとか二〇〇ミリ。一年じゅうの雨をためても深さ一〇センチにもならないのだ。

世界地図を開いてみればわかるとおり、アジア、ヨーロッパ、アフリカ、南北アメリカ、オーストラリアにわたって、こんな地域がいかに多いことか。

昔から言われているとおり、日本はほんとうに水の豊かな国なのだ。

だからわれわれ日本人は、今大きな問題になっている世界の水危機のことを聞いても、なかなか実感がわかない。

では日本はその豊かな水を、水の少ない地域の人々に何か役立てているだろうか？

それがじつはそうではないのである。

そうではないどころか、日本は世界から水を輸入さえしている。

「ミネラルウォーター」としての輸入を言っているわけではない。日本は、食料という形で大量の水を外国から輸入しているのである。

あえていうまでもなく、われわれが食べている食料はすべてもとは植物か動物、つまり生きものであって、生きものが育つには水が絶対に必要なのである。

日本は自国の豊かな水でそれらを大切に育てているのではなく、中国とかアメリカとか、水の少ない土地の乏しい水を使って育てた食料を、どんどん輸入しているのだ。大豆や小麦粉はもちろん、牛肉やフライドチキンに至るまで。

いわゆるバーチャル・ウォーターとはこのことである。水が豊かなのに、他国の水まで使っているのだ。こんなことをいつまでもつづけていてよいのだろうか？　中国やアメリカの水も、あと何年もつかということが議論されている今、われわれは日本の豊かな水に甘んじているわけにはいかないのだ。

デザインと機能

何を作るにしてもデザインは大切だ。町にはさまざまな物が並んでおり、そのそれぞれのデザインを見ているだけでも楽しい。こんなしゃれたデザインをよく考えたものだと感心することがしばしばある。

けれどそれと同時に、ぼくがいつも思うのは、物の「機能」ということである。たとえば昔から比較的しばしばみかけるデザインだが、薄手で糸底のない茶わんというのがある。

売り場で手にとってみると思わずはっとするし、事実すばらしくすっきりした斬新なデザインなのである。

だが喜んで買ってきて、お茶を入れ、さあ飲もうと茶わんを手にすると、熱くて大変苦労する。糸底には熱さを防ぐという機能があるのだ。

やっかいなのは、こういうわかりきった機能だけでなく、人が物をいろいろな目的に使うということである。

たとえば最近、ぼくの家では古くなった洗濯機を新しいものと換えた。それはぐっと新しい型で大変便利にできている。洗濯機の機能としては申し分ない。

ところがいざそれを洗面所に置いてみて、はたと困ったことに気がついた。

それはこの洗濯機の上面全体が斜めになっていることである。蓋《ふた》をあけて、洗う衣類を入れたり、脱水された洗濯物を取り出したりするにはとても便利である。

けれど上面全体が斜めになっているから、洗濯機の上に何も物が置けないのだ。何を置いてもすべって落ちてしまう。もともとあまり広くない洗面所が、ちょっと一時的に化粧品のびんを置く場所もないという不便なことになってしまった。

洗濯機は洗濯をするためのもので、そこに物を置こうとするのがまちがいだ。そう言われたらそのとおりかもしれない。けれど人間は物をもっといろいろに使おうと思うものだ。

このごろはあまり見かけなくなったが、昔は窓枠の下の部分が斜めになっている列車がよくあった。しゃれたデザインのつもりで作られたのであろうが、ジュースのかんを置くこともできない。

座席の前の物入れが、堅いしっかりした材質でできていて、それより厚いものは入れられなかったり、物入れの底が空いているので、入れた書類がみんな落ちてきてしまうというのもある。いずれもデザインは美しいし、それに対応した物ならきちんと入るのだが、どんな物を入れるかは人によってさまざまなはずだ。

文化が発達すると、特殊な機能のためにデザインされた物が急速にふえる。それはそれで楽しいことにちがいないが、やたらに物がふえていくことにもなる。環境問題という点から考えても、それでよいのだろうか？

環境問題とは考えすぎかもしれないが、デザインとは機能ということも含んだ高度な芸術であると、ぼくは前々から思っている。

虫がいなくなった

日本昆虫学会という学会の全国大会と、われわれの研究所（地球研）が主催する「地球研地域セミナーin鹿児島」（「火山と水と食／鹿児島を語る！」）に出席するために、久しぶりに鹿児島を訪れた。折しも台風13号が九州へ向かっているというときだった。

幸いにして鹿児島は直撃を免《まぬが》れたが、台風はまたしても各地に悲惨な痕跡を残していった。

鉄道も船も飛行機もみな止まり、一両の重さが何十トンもある特急列車が竜巻で一瞬にして脱線、横転するなど、「自然には勝てない」という気持ちをだれもが抱いたことであった。

自然を支配して生きようとしてきた人間は、たしかに数々の場面でそれに成功してきたが、台風とか地震とかいう天災のたびに、それらを食いとめることも支配することもできなかった無力感を味わってきた。

しかし人間はそれにも負けず、自然支配の夢を抱きつづけてきた。そして次々とさらなる成功を収めて、それに酔ってきたといえるだろう。それが人間の「力」であった。

その結果として生じてきたのが、地球温暖化とか砂漠化とかいう「地球環境問題」であると地球研は認識し、このプロセスにおける人間活動と自然との相互作用の複雑な環を解明して、未来可能な生きかたの道を探ろうとしてきた。

地球温暖化を抑えようとしていち早く一九九七年に提言された京都議定書も、やっとその実現に向けて動きだしたかにみえるが、これだけですべて解決するわけではない。

たとえば「生物多様性の減少」という問題である。多様性減少などというと大げさなことに思われるかもしれないが、要するにわれわれのまわりでいろいろな虫や野生の植物が減ってきたということだ。

三十年ほど前ぼくがこの洛北に住みついたころ、ここには虫がたくさんいた。狭い庭のどうということのない草木の葉にも小さな蜂《はち》や蛾《が》や甲虫などいろいろな虫たちの姿があった。夜、門灯には大小さまざまな虫が集まってきて、ヤモリがその虫たちを食べていた。

夕方には蚊が何匹も家の中に入ってきて、いつもかゆい思いをしていたものだ。けれど近ごろは、ほとんどそういう虫がいない。今年の二月、上賀茂の京大演習林の林というより森の一角に地球研の新建物ができ、こんな自然の中だから夏には虫を防ぐ網戸をつけねばと考えていたが、結局その必要はなかった。ほとんど虫がいないのである。

たまたまそのような話になると、みな「よかったですねえ」と言う。でもほんとうに「よかった」のであろうか?

地球温暖化のおかげで冬の雪も降らなくなったころ、人々は「暖かくなってよかった」と思っていた。

今にしてみれば、それは「よかった」のではなくて、大問題の始まりであったのである。そういえば、先日行ったベトナムでも虫はほとんどいなかった。

いじめと必修科目

女子中学生がいじめのため自殺したのではないかというここ数日間のテレビ報道が、ぼくは気になってしかたがない。

それというのも、ぼく自身が小学校三年のころ、いじめられてもう自殺してしまおうかという気持ちになったことがあるからである。

いじめられたのは同級生からではない。その小学校の校長と体操の先生にであった。もう今から六十年以上昔、戦争中のころだったから、小学校の役割はいい兵隊と銃後の母を作ることにあった。

ぼくは小さいときから体が弱かった。すぐかぜをひいて学校は休むし、体操もできなかった。そういうぼくを見て、当時としても例外的にスパルタ教育者だったらしい校長は、何かというとぼくが「みんなと一緒になってやっていない」とぼくを叱《しか》り、「おまえみたいなやつは日本のじゃまになる。早く死んでしまえ！」となるのだった。その学校が自慢にしていた午後おそくの全校清掃時間に、冬の冷たい廊下に座り、しもやけの痛みをこらえて雑巾《ぞうきん》がけをしているぼくを足で蹴《け》とばしたこともあった。

体操の先生も同じだった。

ぼくはだんだん学校に行くのがいやになって、今でいえば「不登校」になり、このまま生きていても望みはない、もう死んでしまおうと思うようになった。そしてどうしたら死ねるのかをまじめに考えるようになってしまった。悶々《もんもん》とした日々であった。

ぼくが幸いにして自殺もせず、この年まで生きてこられたのは、ある先生のおかげだったのだが、こういう経験はかなり多くの人たちが、しているのではないだろうか？

いじめにあったかもしれないが、それが自殺の原因になったかどうかは確証がないという言《げん》もあったけれど、そのような変に「科学的」というか、あるいは裁判所みたいなことはいってほしくない。

人間の気持ちは微妙なものである。どのひとことがどう受け取られるかはわからないのだ。

過保護にせよというのではない。ぼくがあちこちで言っているように、過保護はけっしていいことではない。けれどいわゆる科学の実験ではないのだから、「確証」などを求めるべきではないのである。

これとたまたま同じときに、多くの高校で「必修」科目を教えていなかったということが、大きな問題になっている。

全国で何百校に及ぶ高校が、なぜこういう「違反」をしていたのか？

ぼくは自分のわずかばかりの体験から、そこに高校の悩みがあることを感じている。高校にとっての最大の悩みは「大学受験」である。大学側が変わらなければ、高校は文科省と大学にはさまれて、苦しむばかりなのだ。

そしてその結果いちばん苦しむのは、若い、これからの日本を創っていく大切な高校生にほかならない。問題は学力だけのことではないのである。

伝統と創造

あれはぼくが京都へ移ってきて何年かというころだったから、少々昔のことになる。どういうわけか、ぼくは、当時の府知事がつくった京都二十一世紀を考える会という会のメンバーに任ぜられていた。

「来たばかりのよそ者が、こんな会の議論に加わってよいのでしょうか？」と尋ねたぼくに、京大物理のある先生は即座にこう答えた――「京都は外国人が働くところです」。

ぼくは京都人のこの先生のことばが、今も忘れられずにいる。

それは次のような理由からである。

今はあまりはやらなくなったが、フランスのシャンソンといえば、だれもがフランスの、そしてパリの伝統的な文化だと思っている。

けれどぼくが京都の先生からこのことばを言われたころ、フランスでシャンソンを歌っていたのは、フランス人というよりもそのほとんどが外国人であった。ベルギー人、イタリア人、そして何とシャルル・アズナブールのような東洋人。たとえばアズナブールはアルメニア人で、顔の色から顔つきまで、ラテン系のフランス人とはまったくちがっていた。その彼がたしかなフランス語で、彼の新しい歌を歌う。フランス人はそこにフランス的なものを感じ、思いをこめてそれに酔う。アズナブールは当時のシャンソン界の大の人気者だった。こうしてフランスのシャンソンは、シャンソンの伝統を新しい形の中に生かしながら、フランスのシャンソンでありつづけてきたのである。

フランス文化のベースはフランス語である。そのフランス語を自在に使って、あの有名な「ミラボー橋」などの美しい詩をつくった詩人ギヨーム・アポリネール。十九世紀末から二十世紀初頭にかけて、文学、評論活動を通じ、革命的な芸術運動シュールレアリスムを先導する役割を果たした。しかし彼の父はイタリア人、母はポーランド人だった。

かつて京都市で、京都市経済活性化懇談会というのが何年かにわたって続けられた。その会の初め、京都は伝統文化の街だから、伝統の上に立って経済を活性化しようという議論が展開された。しかし会を重ねていくうちに、伝統では経済は活性化できないのではないかという疑問が出てきた。ではどうする？　そこでそもそも伝統とは何かという議論になった。何回もつづいたこの議論の結論は、伝統とは絶えざる創造があってこそ維持され発展するものであるという画期的なものであった。それは報告書にも記されているはずだ。

この数年、京都創生とか京都の文化・伝統の創造とかいうことが、さかんにうたわれている。昔だったら「京都の文化や伝統を守れ」といわれていたことが、創生、創造ということばに変わっている。これはかつての「懇談会」の成果の上に立ったものであると思う。

もともと文化も伝統もないところによそから新しいものが入ってくれば、ほとんど必ずその新しいものに乗っ取られてしまうだろう。日本のどこかの大都市のように。

けれど京都はちがうのだ。

京都議定書10周年

テレビ、新聞で絶えず報道されているように、地球温暖化が刻々と進んでいるのはもはや確実だとしか思えない。

かつて京都でCOP3の真剣な討議がおこなわれ、京都議定書が世界に呼びかけられてから、はや十年が経《た》つ。紆余曲折《うよきよくせつ》ののちそれが世界的に発効したのも、すでに二年前。けれど世界のCO_2濃度は少しも減っていないどころか、大幅に増えてしまっている。

その一方、アメリカや中国は京都議定書をまだ批准しようとはしていない。どちらの国も、地球温暖化より自国の経済のほうが大切なのだろう。

この状況にはげしい怒りを感じているアル・ゴア元アメリカ副大統領は、世界を飛びまわって温暖化防止への呼びかけをつづけている。

それに感銘した有名な映画人たちが、『不都合な真実』という映画をつくった。そして、ゴア自身がこの映画に出演している。

『不都合な真実』はアル・ゴアの本として出版され、日本語にも訳され、ランダムハウス講談社から刊行されている。そして映画とともに、アル・ゴア自身も日本にやってきた。

ぼくもこの本を読み、東京でこの映画の試写を見た。たくさんの若者たちを含むアメリカ人の前で、融《と》けていく極地の氷や氷河の様相など、さまざまな温暖化の状況を示す映像を見せながら、ゴアは温暖化防止の緊急性を諄々《じゅんじゅん》と説いていく。

アザラシを主なえものにしている北極地方のシロクマは、氷の上でしかそのえものを捕らえられない。しかし北極の海では氷が大幅に融けてしまっている。氷を求めて海に泳ぎ出たシロクマが、どこまでもつづく氷のない海で疲れはて、ついに溺《おぼ》れてしまうこともあるという。温暖化は南の島を水没させるだけでなく、シロクマを絶滅させてしまうかもしれないのだ。

専門家が見たら誇張だというかもしれぬ映像もあるが、説得性は十分にある。そしてぼくが思ったのは、これはもはや説得性の問題ではないということだった。

今なお議論されているように、CO_2濃度の増大が地球温暖化の真の原因かどうかはわからない。しかし温暖化が進行していることは確かであり、それがさまざまな不都合な事実を生みだしていることも確かである。

アル・ゴアのいう『不都合な真実』とは、京都議定書を批准したくない人々にとって「不都合な」事実を意味しているのだが、実際にはもっと広く、自然にとって、それゆえわれわれ人類にとって不都合なことが、すでにおこっているのである。

たとえその真の原因ではないとしても、それを加速させることもまた確かなCO_2濃度の急速な増大をひきおこしたのは、なんといっても現代の人間である。今のままの生きかたでよいのかと、早く真剣に考えねばならない。

地球温暖化の思わぬ結果

冬らしい寒さや雪の日もほとんどないままに、京都ももう三月に入ってしまった。東北、北海道を除けば、この冬は全国的にも雪の日はごく少なかった。地球温暖化は確実に進行していると思うほかはない。

暖冬はわれわれ人間にとってはしのぎやすいかもしれないが、それが大変困ったことになる生きものもいるのである。

かつて信州松本の片倉蚕業《さんぎょう》研究所の福田宗一先生のもとで昆虫ホルモン学の勉強をしていたころ、シンジュサンという蛾《が》のサナギを見せてもらったことがある。

シンジュ（神樹）という木の葉を幼虫が食べて育つ、ヤママユの一種であるこの蛾は、日本全国にいるが、あまり人には知られていない。飼育品種はエリサンとかヒマサンとか呼ばれ、アジアではそのまゆから絹をとる。

野生のシンジュサンは、冬はサナギで休眠し、春から夏にかけて蛾になる。ところがこの休眠サナギが蛾になるには、冬の寒さを一カ月近く経ることが必要なのである。サナギを暖かい場所にずっとおいておくと、いつになっても蛾にならない。

福田先生がぼくに見せてくれたのは、ずっとセ氏二五度の恒温器に入れたまま、二年も三年も置いてあって、先生が二年サナギ、三年サナギと呼んでいたものであった。

そうやっておくと、サナギはいつになっても蛾にならず、だんだん体内の養分を消耗して、結局は死んでしまう。

つまり、この蛾のサナギにとって、暖かい冬は大変な迷惑であり、危険なのである。

だれもが知っているアゲハチョウの冬を越すサナギも、シンジュサンの休眠サナギと同じ性質をもっている。

秋からずっと暖かい恒温室に置いておくと、春もずいぶんおそくなったころ、思いついたように、しかもひ弱な蝶《ちょう》になるのである。

カイコの卵では茅野春雄氏の有名な研究がある。カイコの卵は夏から秋に生《う》まれるが、産卵されて一週間ぐらいの間に、卵の中の栄養分（グリコーゲン）がすべてどこかへ消えてしまう。栄養にならないグリセリンと糖アルコールに分解してしまうのだ。

卵はその状態で冬を迎える。そこで早く卵を孵《かえ》そうとして温めてやっても、卵は一向に孵らない。栄養分がないからだ。

けれど卵が一カ月から二カ月ほど冬の寒さを過ごしているうちに、ふしぎにもそのグリセリンと糖アルコールが結合してふたたびもとのグリコーゲンに戻る。

その状態になってから温めてやると、再生されたグリコーゲンを栄養として、卵の中で幼虫の体ができはじめ、卵はやがて孵るのである。

地球が温暖化して冬が暖かくなってしまったら、こういう昆虫たちはたぶん生き残っていけなくなる。地球温暖化は地球をおそろしく淋《さび》しいものにしてしまうのだろう。

イザという魚

この三月末、ぼくは設立以来六年間勤めてきた総合地球環境学研究所を、所長の任期満了で退職した。地球環境問題の解決に資する学問的研究をするという趣旨で新しく発足した「地球研」は、京都にふさわしいチャレンジングな国立研であった。ぼく自身はたいしたこともできなかったが、あとは次代にゆだねてと、何かほっとしたような気持ちである。

地球温暖化のおかげで今年は四月一日に花をつけた庭の桜を見ていたら、ふと琵琶湖のイサザのことを思いだした。

それは四月末から五月といえば、琵琶湖のイサザが卵を産む季節だからだろう。

イサザは世界じゅうで琵琶湖にしかいないハゼの仲間の小さな魚である。イサザという名の魚は他の土地にもいるが、それは違う種類の魚である。

琵琶湖のイサザは昔はたくさん漁《と》れ、京滋の人にはなじみの深い魚であった。けれどこの魚がどのような生きかたをしているのか、昔はほとんどわかっていなかったのである。

それはこの魚が琵琶湖の沖にすんでいて、しかも昼間は湖底にしかおらず、その泳ぐ姿を見た人もいなかったし、小さな魚だから釣りの対象にもならなかったからである。

イサザを捕らえるには、春、「えり」という琵琶湖独特の装置に入ってくるのを待つか、さもなくば湖底をトロールするほかなかった。だから、たくさんは漁れるのだが、魚そのもののことはほとんど知られていなかったのだった。

かつて京大に在職中、ぼくはこの魚に人並みならぬ関心を抱いて研究していた高橋さち子さんから話を聞き、いたく興味をそそられて共同研究を始め、いろいろなことを知った。

春になるとイサザは、一斉に沿岸部に移ってくる。そしてオスは石の下の砂を掘って巣を作る。やがてオスはメスを探しに出る。一定の求愛行動を経て、オスは大きなメスをえらぶ。そこでもっと大きいメスに出合うと、オスは前のを捨てて大きいほうに移る。それはイサザが魚には珍しく、一夫一妻だからである。産卵・授精がすむと、メスはさっさと出ていって、オスが卵の世話をする。

四月末には琵琶湖の水はまだ冷たい。こんな早い季節に繁殖するのは、他の魚との競争を避けるためであることもわかった。

繁殖の時期を知るために、イサザは前年の夏から秋にかけて、毎晩深い湖底から湖面まで何十メートルも昇ってきて、水温の季節的変化を「計って」いる。湖底では水温が一年じゅう変わらないからである。

繁殖期が終わると、イサザは競争相手のいない深い湖底へ戻ってしまう。いろいろな魚のいる湖で生きていくのは大変なのだ。

こうして繁栄してきたイサザも、今はほとんどいなくなってしまった。それがなぜかはわからないが、単に温暖化のせいだけではなさそうである。それぞれの生きものの生きかたを知ること。それがぜひとも必要なのである。

京都議定書は大丈夫か?

二〇〇七年五月九日(水)の京都新聞に、「温室効果ガス二〇五〇年に半減」という記事が載った。いい内容だったが、ぼくの気持ちは複雑だ。

地球温暖化をもたらすCO_2をなんとかして減らそうというので開かれたCOP3の結果、京都議定書が世界に呼びかけられたのが十年前。これは京都にとって誇らしいことの一つだったと、ぼくは今でも思っている。

いわゆる地球環境問題の中でももっとも重大な地球温暖化という現象を、世界の人々が手をとりあって解決しようという声が、日本の京都から上げられたのである。

もちろんその後はさまざまな紆余曲折《うよきょくせつ》があった。

国の経済発展に大きな影響を与えることの明白なCO_2濃度削減ということの議定書の趣旨に、どの国もそうおいそれとは乗れなかったのも当然であった。

しかしその問題と、世界的な地球環境の現実的な事態についての大議論の中で、国としてこの議定書を批准する国が増えていって、今からやっと二年前、この議定書は世界的に発効することになった。それを祝う催しがおこなわれたことも記憶に新しい。

けれど残念ながら、すでにその時点で、世界のCO_2濃度は大量に増大してしまっており、議定書に書かれた削減目標を大幅に改訂せざるを得なくなっていた。

そして、それとともに、まだこの議定書を批准しようとしていないCO_2大国がいくつかある。アメリカはいくつかの州ではこの議定書の趣旨に沿ってCO_2削減に向かおうとしているが、アメリカ合衆国としては依然として反対の態度である。その理由はもうよく知られているとおり、自国の経済レベルを低下させたくないということだ。

経済発展を第一の目標に揚げている中国やインドも同じである。

アメリカの元副大統領アル・ゴアは、映画と本（『不都合な真実』）によってこの事態の改変を必死で呼びかけているが、ことはそれほどかんたんにはいかないままである。

ところが最近の報道によって、ぼくはまた暗い気持ちになった。それはこの議定書を批准していたカナダが、削減すべきCO_2の濃度があまりに高いので、実行は不可能であると表明したことであった。つまりこの議定書のいうようにはできないというのである。理由は経済発展のためだという。経済界からの強力な要求が理由である。

やっぱり経済が第一か！　ぼくは愕然《がくぜん》とした。経済が大切であることはよくわかる。貧困の問題を離れて環境問題の解決はないというのが今日の根本的な考えかたである。しかし、ここで経済を第一に揚げて、CO_2のことをないがしろにしていたら、ほんとうに地球はどうなっていくのだろうか？

いわゆる地球環境問題も、その原因は人間社会とくに国家の経済第一主義にあったのだから。サミットへの日本の提案は大丈夫なのだろうか？

チョウはなぜ花がわかるか?

今年ももう七月だ。考えてみると、大学で生物学を講じる身になってからの何十年、夏はもっぱら野外研究の季節だった。

そのころからぼくは、チョウはなぜ花というものがわかるのかとか、当時の近代生物学としてはいささか「変な」疑問をもっていたように思う。

だからぼくは、顕微鏡とか実験室とか大学の研究室らしいものからはまったく離れて、野外で虫たちを見ていた。

そのためには、七月からの夏休みの季節は、うってつけの時期だったのである。

花には色もあり形もある。香りもあるし蜜《みつ》もある。そしてその色や形や香りは、花の種類によってみなそれぞれにちがう。

けれどチョウたちは「花」にくる。「花」を一般的に定義すれば、花とはいわゆる高等植物の生殖器官であるということになろう。けれど、そんなことをチョウたちが知っているはずはない。

とにかく、紙で作った造花をチョウたちに見せたらどうだろう？　造花には色と形があるが、香りもないし、蜜もない。チョウたちはどうするか？

この素朴な実験の対象にしたのはどこにでもいるモンシロチョウ。前日は蜜を与えず、空腹にさせておいた。

何と、チョウたちは紙の造花に飛んできた！　そして造花にとまって口吻《こうふん》を伸ばし、蜜はないかと探すのであった。

それなら形か？

そこで形のない一枚の紙にした。しかもおよそ花とはちがう長方形のカードに、赤、黄、緑、青、赤紫の絵の具を塗り、それを針金の先につけて、地上に立てておいたのである。

チョウたちを放すと、彼らは一斉にこの色紙に飛んできた。そしてこの紙にとまり、口吻で蜜はないかと探るのである！

しかも彼らは、口吻を伸ばして飛んでくる。「これは花だ」と確信しているとしか思えなかった。

ただし、赤い紙にはけっして飛んでこなかった。緑色の紙にとまることもあったが、蜜を探そうともせず、そのまま休んでしまうのであった。

モンシロチョウには赤は暗黒と同じで、色としては見えないことを、あとでぼくは本で知った。

つまり、大切なのは色なのだ。

緑は葉っぱの色である。それとは違う色をしたものが、チョウにとっては花なのだ。じつに単純・明快なことだった。

こんなことがわかったって、特許の一つもとれるわけではない。すぐ社会に役立ち、特許のとれるような研究をせよと要求されている今の大学では、こんな研究はなかなかできないだろう。それは大学というものの存在意義にかかわる重大な問題である。

靖国神社

八月十五日の終戦の日になると、靖国神社参拝云々《うんぬん》のことが新聞やテレビでかなり大きく報道される。だれが参拝したかしなかったかということだ。今年もまた同じだった。

中国や韓国をはじめとして、外国もこの問題に大きな関心を示している。けれどぼくは、このことについては昔から疑問を抱いていた。

靖国神社沿革は述べれば長いが、とにかく近代日本が関わってきた事変、戦争において、朝廷側、日本政府側で戦役や業務に就き、戦没した軍人・軍属そして一般人などを国家がまつった神社だと考えてよいであろう。

祭神・合祀《ごうし》については細かな内規があって複雑であるが、日本国内で空襲のために死んだ人々は含まれていない。原爆で亡くなった人たちも含まれていないし、沖縄戦で亡くなった人々もすべてが含まれているわけではないはずである。

ぼくは一九四五年八月十四日の夜、疎開先の秋田県大館にいた。

その夜、米軍の空襲があり、秋田市の土崎が爆撃された。土崎には工場など軍事関係施設があり、米軍はそれを狙ったのである。爆撃の音は遠く大館でも感じられるほどであった。また多くの人が爆死しているだろうと思うと、ぼくは眠ることもできなかった。

翌八月十五日、近所の人々と一緒に「玉音放送」を聞いた。そして日本は降伏し、戦争は終わったということを知った。では昨夜土崎で死んだ人たちは、何のために死んだのだ? ぼくはたまらない気持ちになり、思わずその人々のために祈った。

靖国神社参拝の話になると、自分はそこにまつられている人々だけでなく、日本のために死んだ人々すべてに祈りたいのです、という人が必ずでてくる。

けれど、それはおかしいのではないか?

それなら、別に靖国神社に参拝することはない。

いつも言われているとおり、明らかに戦没者ではないA級戦犯も、「昭和殉難者」として靖国神社に合祀されている。そして、原爆とか空襲とか、国が国としてやった戦争のために死なざるを得なかった莫大《ばくだい》な数の人々は、この神社にはまつられていないのだ。

いうまでもないが「日本のために」というのは「日本が戦争に勝つために」ということではない。戦争になれば、人々は好むと好まざるとにかかわりなく、戦争に巻きこまれる。そして悲惨な目に遭い、死ぬこともある。ぼくらの年代の者の子ども時代は、まさにそういう時代だった。そういう時代に死なざるを得なかった人々は、みな、いろいろな意味で「日本のために」死んだのである。

幸いにも生き残ったぼくらは、その後いろいろなことがあったとはいえ、戦争の悲惨さだけには遭わずにくることができた。

「日本のために死んだすべての人々に」などと言いながら憲法改正を望んだりして、いったいどうしようというのだろうか？

虫たちの冬支度

このあいだの日曜日、九月二十三日は、秋分の日であった。そして九月も明日で終わりである。

それなのに、まだ昼は暑いくらい。つい何日か前、北海道の札幌でも気温三〇度の真夏日であったと、テレビは言っていた。

まったく今年の夏は暑かった。全国で真夏日になったところがいくつあったことだろう。ここ何日か、さすがに朝夕は涼しくなったけれど、暑さの名残はまだつづいているようだ。

けれどこの「真夏」の中で、虫たちはもう真冬の支度を始めている。まもなく冬が来ることを、虫たちはちゃんと知っているのである。

彼らはどうしてそれが予知できるのか？

それはぼくがいつも書いているように、日が短くなってくるからである。けっして涼しくなってくるからではない。

だれでも知っているとおり、夏は暑くて日が長い。夏が終わりに近づいても、必ずしも涼しくなってくるとは限らない。今年のようにいつまでも暑い日が続くことだってある。

けれど、夏が終わりに近づくにつれて、日長《にっちょう》は確実に短くなっていく。年によって暑い夏もあり、涼しい夏もある。けれど日の長さには、年によって変わりはない。北緯約三五度の京都あたりでは、六月二十二日ごろの夏至の日には、日長は約十五時間。その後、七月、八月とほんとうの夏になっていくにつれて、暑くはなるが日長は短くなっていく。そして九月半ばの秋分の日には、ぴたり十二時間になってしまう。虫たちはそれをちゃんと「読んで」いるのである。

九月の初めごろ、日長が十三時間半ぐらいに短くなると、虫たちはまだいかに暑かろうと、「もう冬が来る」と予測して、冬支度を始めるのだ。

いうまでもなく、冬は小さな虫たちにとって、恐ろしい季節である。まずとにかく冬は寒い。寒くて動き回ることはできないし、うっかりすれば体が凍ってしまう。凍ったら体の細胞はすべてこわれてしまうから、生きてはいられない。

寒くても凍らないためには、それなりの仕組みが要る。体の血液を不凍液のような状態にする必要がある。人間にはそんな器用なことはできない。

冬には食べるものがないから、何も食べずに何カ月も生きていかれるようにしておかねばならない。これも人間にはできないことである。

それやこれやで虫たちは、「冬ごもり」とか「冬眠」ではなくて、「休眠」というきわめて特殊な生理状態になって、何カ月かの冬を乗りきるのだ。

そのための準備は大変である。寒くなってからでは間に合わない。「やっと秋が来そうですね」などとわれわれ人間が言っているこの「まだ暑い」中で、虫たちは冬の準備に忙しくしているのである。

イリオモテヤマネコの日常

先日、久しぶりに沖縄の西表島《いりおもてじま》を訪れた。島の子どもたちや大人の人たちに、イリオモテヤマネコの話を聞いてもらうためだった。

京都の総合地球環境学研究所（地球研）はその研究プロジェクトの一つとして、「西表プロジェクト」というのを何年か前に立ち上げ、いろいろな研究をつづけてきた。西表島の租納《そない》地区には地球研の西表分室もある。

美しい珊瑚礁《さんごしょう》や、浦内川のマングローブ、そしてあのイリオモテヤマネコやカンムリワシといった珍しい動物たちのすむ西表島のすばらしい自然を守りながら、西表島が今後どのように生きていけばいいのか、それを探るのがこの研究プロジェクトの目指すところだ。

その一環として、三年ほど前から自動カメラの設置ということを始めた。

だれでも知っている特別天然記念物イリオモテヤマネコが、毎日どんなことをしているのか、自動カメラでその一端を知ることはできないだろうかと思ったのである。

かつては人跡稀《まれ》な山奥にすんでいると思われていたこの孤高のヤマネコが、じつは高い山の中ではなく、高度二〇〇メートル程度の低地帯、しかも人々の集落の近くにすんでいることも、生態学の研究でわかっていた。

だから島の人々は、あちこちの道路わきで、イリオモテヤマネコの姿をちらりと見かけることが多かったのだ。ただしそれはほんの一瞬のことが多く、何をしているかをじっくり見ることはできなかった。

同じく生態学の研究で、イリオモテヤマネコが何を食べているかもわかってきていた。彼らは小鳥からトカゲ、魚まで食べている。でも、どこでどうやって捕まえているのだろう？

佐久間さんというカメラマンと何人かの若い人々の協力で、自動カメラシステムが動きだした。いろいろ考えた上で選んだあぜ道の一カ所にビデオカメラを据え、三年間同じところで撮りつづけたものもある。夜でもセンサーでライトがつく。赤外線カメラも使ってみた。そして得られた映像の数々。

イリオモテヤマネコが木かげからふいと現れ、木の葉をかじってはゆっくり立ち去っていく。あぜ道の一方から草のないところをたどって歩いてきて、途中でちょっと立ち止まり、あたりを探ってまた歩き出す。そしてあぜ道をとことこ小走りに走ってむこうの山に姿を消す。田んぼのわきで、おそらくカエルを探したり。飼い猫が庭先でやっているのとほとんど変わらない。一回だけ、いきなりカメラに尻を向け、勢いよくおしっこを吹きつけたのもいた。この映像には見ていた子どもも大人も大喝采《かっさい》！

要するにほとんどふつうの猫である。かわいらしい。耳の後ろが白いのでヤマネコだとわかるだけ。

西表では、大昔からこうしてヤマネコと人間が、共生ではなく共存してきたのだ。今後もこの尊敬すべき関係を変えてはならない。心底からそう思った。

紅葉はなぜ美しい？

今年の秋はいつまでも暑いといわれていた。けれど、さすが十一月に入ると急に寒くなって、平年より早く雪が降ったところさえあったとか。

十一月の半ば近くには、京都も紅葉の季節に入り、毎日の新聞に、どこが見頃、どこも見頃という記事が載りはじめた。

それとともに、紅葉を見に全国からたくさんの観光客が訪れてきて、新幹線も京都も人でいっぱい。ありがたいこととはいえ、道路は渋滞がつづいた。

ところで毎年この季節になると、ぼくは愚にもつかないことを考える。それは「人はなぜ紅葉を美しいと思うのだろうか？」ということである。

じつは去年（二〇〇六年五月）、ぼくがまだ所属していた総合地球環境学研究所を含む人間文化研究機構では、「人はなぜ花を愛《め》でるのか？」という公開シンポジウムを開催した。これもまた捉えどころのない問いであるが、答えはなんとなくわからないでもない。

花は植物たちが昆虫を呼び、花粉媒介をしてもらうために咲かせるものである。花には蜜《みつ》があるから、虫たちはよく目立つ色や形の花を目指してやってくる。その花の色や形が人間の目にも目立って見えるので、人はそれを美しいと思うのだろう。

ただしシンポジウムで議論してみると、『人はなぜ花を愛でるのか』（日高敏隆・白幡洋三郎編、八坂書房）という本に述べるように、話はそれほどかんたんではないこともわかったのであるが、「紅葉」となると、ますますよくわからない。

そもそも紅葉は花とは関係がない。冬、木の葉が落ちる前、葉の中の葉緑素が分解する。そしてそれまで緑に負けていた黄色い色素の色が見えてくる（黄葉化）、あるいは葉にたまった糖分から赤い色素が作られる（紅葉化）のだとされている。とにかく、花とはちがって、種子を作ることとは関係ないのだ。

その黄葉や紅葉を、人間がなぜ美しいと思うのか？

花は植物が種子を作り、子孫を残していくために、どうしてもなくてはならないものである。だから昆虫たちの注意を惹《ひ》くように、目立つ存在となっている。それは同じように目をもっている人間の関心も惹く。虫たちが花を美しいと思っているかどうかはわからないが、花に関心を惹かれた人間は、それを「美しい」とか「愛らしい」と思うのだろう。

けれど紅葉は、植物が生きて子孫を残していく上で、なくてはならぬものとは思えない。それがなぜ人間の関心を惹くのだろう？「みどり」が人の心を和ますのとはまたちがう。

それはともかくとして、この季節の京都の雑木林の山々は、ほんとうに美しい。それぞれの木なりの紅葉、黄葉が入りまじって、朝の光の中に広がっているその姿に、何ともいえぬ満ち足りた思いを感じてしまう。

自動化

今ごろここにこんなことを書くのも、我ながらどうかと思うけれど、街の近代的な建てものの中には、自動化されたものがますます増えていくような気がする。

たとえば、近づくと自然に便器のふたがあがる洋式トイレがある。その右手には一連になったリモコン装置もあり、並んだボタンのうちの一つを押すと、上のふただけでなく、男性の小用のために、その下の便座まであがってくれるのである。

なるほどと感心はしたが、思わずすぐ考えてしまった。

「なんで、ここまで自動化する必要があるのだろうか?」と。

ボタンを探してそれを押すという手間をかけるのなら、ふたや便座を手であげたほうが早いし、たいていの人はそうするだろう。自動化しても、ちっとも便利なことはない。

便利かどうかだけで話がすまないこともある。用を済まして立ち上がると、自動的に水が流れて洗浄してくれるトイレは、かなり昔からあった。しかし、病院などではこれは困る。どんな便が出たかを医者に報告する必要があるときもあるからだ。立ち上がって便を見ようとすると、もう流されてしまっている。これは、場合によっては命に関わる問題だ。

自動化には電力が必要である。手を使わないというそれだけのために、どれだけの電力を使っているのだろうか?

地球温暖化問題がこれほど差し迫った状態にある今、こういう自動化は、そう言っては申し訳ないが、技術の遊びのようにも思われてしまうのだ。

地球温暖化問題は昔の公害問題とはちがった面をもっている。個々の人間のだれにどういう責任があるのかわからないのである。

けれど人々は、それが人間によってひきおこされた問題だということを知っている。だからこの問題を解決するために、自分が何をするべきかを、それぞれで考えている。

地球温暖化を始め、いわゆる地球環境問題の根源は、自然を支配して生きようとしてきた人間の生きかた（人間文化）にある。たまたま頭がよかった人類は、いろいろなことを研究して、自然を支配するさまざまな方法を編み出した。それが技術である。人間はさまざまな技術によって自然を支配し、現在のようなすばらしい世界を築いてきた。

しかし自然を支配すれば、当然ながら自然からの反撃がある。それが地球環境問題の根源になっているのだ。

今、地球環境問題に対処しようとしているわれわれ人間にもっとも必要なのは、このことの認識である。この認識なしに技術の発展だけを喜んでいたら、どんなことになっていくかわからない。

自動化ということだけを考えても、現代のやたらな自動化礼賛は、実は大きな問題だと思えてしかたがないのである。

温暖化取引

温暖化だ、温暖化だと去年から言われてきた割には、今年の冬は寒かった。

京都ではそれほど寒いとは思わなかったけれど、雪は日本じゅうによく降った。

テレビの気象情報がつい気になって、時間になるとチャンネルを合わせていたが、北海道、東北は連日の大雪。気温も零下がつづいていた。

大陸からのすじ状の雲がどうとかいうことで、日本海側もほとんど毎日のように雪。

そして太平洋側の平野部でも雪は降った。

突然東京が大雪になったりしたかと思うと、四国、九州でも雪が伝えられた。

この京都・洛北は、何日もつづいて朝からしんしんと雪が降った。そして一〇センチも積もるようなことが、珍しくはなかった。

大きな道路にはほとんど雪がないのに、二軒茶屋洛北台のぼくの家の前のちょっとした坂では、すぐに車が通るのに難渋することになった。けれどそこからほんの少し、車で五分ぐらい、北山通りあたりまで下れば、もう道には雪がない。道路わきにも雪らしい白いものはほとんどない。

ぼくは三十年ほど昔のことを思い出した。二軒茶屋では雪が一〇センチも積もっていたので、ぼくらの娘が北山のノートルダム学院小学校に通っていたころは、毎日、子ども用の長靴を履いていった。

学校につくとほとんど雪はない。町なかから通学している子どもたちから、「長靴なんか履いた田舎の子」とからかわれて、娘はいつも落ちこんでいた。

今年もそれに近い情況になった。ぼくは洛北はやっぱり寒い土地なんだ、これで昔のほんとうの姿に戻ったのだと、妙な安堵《あんど》感をおぼえたりした。

けれど、そんなことを言ってはいられない。一般的には地球の温暖化は明らかに進んでいる。少なくともそのように報じられている。極地の氷、高山の氷河、シベリア凍土の融解などということを聞けば、やはりそうかと思うほかはない情況である。

それに対して世界は何をしているのか？

地球温暖化を引き起こすCO_2そのほかの温室効果ガスを急速に減らすことは、いまや人類の存続のために至上命令であるといえる。

しかし、だれもが知っているとおり、人間の経済は、これに対して取引を始めた。自国の経済レベルを下げたくない国は、温室効果ガスの放出量の少ない国に大金を払って、その放出の低さを買おうというのである。

これが京都議定書の実行を進めるために考えられた、一つの巧妙な妥協策であったことはまちがいない。

けれど、そこには取引がある。自然はお金では買えないから大切にしなくてはいけないのだよ、と子どもたちに教えてきた大人たちが、とうとうこんなことまで考えてしまったら、子どもたちに何と言ったらよいのだろう。

雑木の山

毎年のように感じることなのであるが、春から初夏へ向かうこの季節には、その思いがとくに強い。それは雑木の山のおもしろさ、楽しさである。

洛北・二軒茶屋にあるぼくの家の前には、神山《こうやま》と呼ばれる低い山が東西に連なっている。とくにどうという山ではない。まさにただの山である。けれどぼくは、このどうということもない山に、何年も昔から心を惹《ひ》かれつづけている。

何がぼくの心をそれほどにも惹くのであろうか？「雑木の山なんて、どうということはないじゃありませんか？」。たいていの人はそう言ってくれる。そのとおり、たしかにどうということもない、ただの低い山にすぎないのだ。

けれど毎日、見るともなくその山を見ていると、その姿が日々に変わっていくのである。もちろん山の形が変わっていくわけではない。その山に生えている木々の枝ぶりの姿が、それこそ日によって変わってゆくのである。

それは雑木の種類が山ごとにちがっているからである。どの山にはどういう木が生えている、というわけではない。どの山々にもいろいろな種類の木がまざりあって生えている。それぞれの木によって枝ぶりが微妙にちがっている。その取りあわせが、山々の姿を決めているのは当然だ。そしてそれが、季節によって、日々変わっていく。その結果、山々の姿が、それこそ日々に変わっていくのである。それがぼくにはたまらない魅力なのだ。

ある山のある部分には枝の曲折のきびしい木がたくさん生えている。冬にはその枝の曲折の生々しい姿が、そのままに表れて見える。それは、その山のその部分に秘められたものを示すもののように思われて、ぼくは思わず、そこにはどんな生きものが生きているのだろうと考えてしまう。春が近づくと、その曲折の姿が変わってくる。枝の曲折自体は変わるわけではないが、そこから伸び出す木々の若枝が、その曲折をあるときは覆い、あるときは強調する。それによって林の姿は、思いもかけぬように変わっていくのである。

どの林のどの部分も、やさしい若枝に包まれた、春の美しい空間のような姿となる。

そこには小さな花が点々と咲き、それを縫《ぬ》って小さな虫たちが飛び交っているのではなかろうか？　ぼくはそこに飛び交う小さな虫たちの姿を遠くから想像して、楽しい気持ちになる。そこには野の生きものたちのやさしく、楽しい、そしてきびしい生活が展開されているにちがいない。

そこには小さな花もあり、異性もいる。美しい異性もいるだろうが、異性は必ずしもやさしいとは限らない。ときにはきびしい敵に襲われて命を失うかもしれない。あの向こうのあの緑の中で、どんなことがおこっているのだろうか。さまざまな姿に見える自然の空間の中のできごとを思いながら、緑の景色を見ていると、自然というものへの複雑な思いが広がっていくのである。

ミツバチ

前々から気になっていたことが、やはり問題になってきたらしい。などというと、いかにも大ごとのように思われるが、要するにアメリカのミツバチ（蜜蜂）のことである。

何日か前、NHKのテレビ番組でも報じられたように、アメリカ合衆国ではミツバチが次第に減っていって、とうとうほとんどいなくなってしまったというのである。

テレビでとりあげられたのはアーモンドの果樹園のことだったと思うが、アーモンドの花の受粉をしてくれるミツバチがいなくなって、アーモンドができなくなり、果樹園は大変困っているという話であった。

アーモンドに限らず、すべての植物の花は、受粉しなければ実ができない。花のおしべが作る花粉をだれかがめしべの先につけてくれねばならないのである。

自然界でそれをやってくれているのは、花を訪れる昆虫である。花の蜜《みつ》を吸いにくるハチやアブやチョウたちが、この受粉昆虫（ポリネーター）として不可欠な役割を果たしている。輸入植物などで日本に適当なポリネーターがいない場合には、人間が小さな刷毛《はけ》などを使って受粉してやらねばならないのだ。

その自然のポリネーターの中で、もっとも重要な働きをしているのがミツバチである。自然にはミツバチはたくさんいるし、しかも彼らは自分が花の蜜を食べるだけでなく、巣の中に何千といる幼虫たちに餌として与える大量の蜜を集めるために、繰り返して花を訪れるからである。

かつての果樹園のまわりには、自然が広がっていた。ミツバチたちはその自然の中で巣を作り、自然のいろいろな花から蜜を吸って繁殖していた。そしていろいろな植物のポリネーターとなっていたのである。

植物の花にはきびしい仕組みがあって、めしべは同じ種類の植物の花粉でしか受粉されない。だから、ミツバチがいろいろな花の花粉を持ってきても大丈夫なのである。

その一方、ミツバチの幼虫たちは、親が持って帰ってくるいろいろな植物の花粉を食べて、健全に育つ。

しかし、こういうごちゃごちゃした状況を好まないアメリカの近代農業は、単一の果樹だけを整然と植えた近代的果樹園を作り出した。そして果樹が受粉する時期には、ミツバチを「借りてきて」、受粉させるようにした。ミツバチたちをよく働くようにする研究もおこなわれ、ミツバチを貸し出すことを業務とする会社も現われて、果樹園は近代的工業の様相を呈《てい》することになった。

こういう状況の中で、ミツバチはもはや自らのために働くミツバチではなく、ただただ働かされる機械のような存在になってしまったのである。

ぼくはミツバチに刺されたこともあるので、ミツバチをかわいいとは思えない。けれどミツバチには、やはりいつまでもミツバチであって欲しいと願っている。

暑い夏

毎日こう暑い日がつづくと、ああ夏だなあとしみじみ思う。

夏だから暑くてもしかたがない。いや、夏は暑くなくてはいけないのだ、などと考えて、なんとか過ごしている毎日である。

そんな中で、なぜかふと、昔聞いた話を思い出した。あの白瀬中尉の話である。

白瀬中尉とは日本で初めて北極点到達を目指し、次いで南極を探検した人であるが、その白瀬中尉が南極へ行こうとしていたとき、中尉の父親が「なんでそんな暑いところへ行こうとするんだ?」と聞いたそうだ。

南極が暑くないことは今ではだれでも知っているが、昔は南へ行けば暑いものだとだれにも思われていた。今でもそう思っている人は少なくないし、事実その認識は基本的にはまったく妥当なのである。

けれど、かつて北緯二度から三度という、日本からはずっと南の熱帯マレーシアで研究していたとき、ぼくは自分の認識が単純すぎたことに気づかされた。

夕方、現地の研究者たちと食事をし、そのあとみんなでテレビを見ていたら、気象情報の番組が始まった。

マレーシア語で話される放送の中身は、ぼくにはあまりよくわからなかったけれど、キャスターは突然、「今日、日本の東京では、午後の気温が三七度を越えました」と告げた。

これくらいはぼくにもすぐわかったが、とたんに熱帯の現地の研究者たちが、「え、三七度？　あんたたちよくそんなところで生きているね！」とぼくら日本人に言ったのである。

実際、「熱帯」マレーシアの気温は高くても三〇度ぐらいにしかならない。けれど湿度は九〇から九五パーセントもあるので、とても暑いと感じるのである。

だが温度は日本の夏のほうがずっと高いのだ。毎日の新聞を見てもわかるとおり、気温三五度、三六度の日は稀《まれ》でなく、三七度という日も少なくない。

南へ行けば日本よりもっと暑くなるという認識が、いかに単純すぎるものであったかを、ぼくはあらためて実感した。

そういえば、暑くて眠れないような夏の夜のことを、昔から「熱帯夜」と呼んでいた。

熱帯の夜を何度も経験したことのあるぼくは、このことばは熱帯に対して失礼であると、昔から機会あるごとに言ってきた。

実際に熱帯の夜は、涼しくてよく眠れるのである。

幸いなことに、このことばは最近はあまりやたらには使われなくなってきた。

かつて熱帯マレーシアで研究をしていたとき以来、ぼくがいつも思っているのは、日本とはじつに暑い国であるということだ。

しかし、冬になれば雪と氷の季節になる。日本とはずいぶん複雑な国なのだ。それはある意味では感謝すべきことかもしれない。暑い土地へ行っても寒い土地へ行っても、なんとかできるからである。

コスタリカ

八月中旬、コスタリカという国を訪れた。

北米と南米をつなぐ細長い中米にある小さな国だ。首都はサン・ホセ。

面積は約五万一千平方キロ、人口四百五十万人ほど。だれもが知っている有名な国とはいえないが、ぼくにとっては昔から関心の深い国であった。

コスタリカとはCosta Rica。スペイン語でCostaは「海岸」、Ricaは「豊かな」。つまり「豊かな海岸」という意味の国名だ。

一五〇二年、コロンブスが命名したとされる。何が豊かだったのかわからないが、海岸に魚がたくさんいたからだろう。命名とともに、コロンブスを援助していたスペイン王室の支配下に入った。

中米にある小さな国々は、互いに複雑な関係をもってきたが、コスタリカはその中でも割と安定した体制を保ってきた。それがこの小国に対するぼくの関心の一つでもある。

日本からコスタリカへ行くのはけっこう大変である。

成田から飛行機に乗り、アメリカ合衆国南部のアトランタまでえんえんと飛ぶ。そこでコスタリカ行きに乗りかえ、今度は西南に向けて、メキシコ湾を何時間もかけて横切り、さらにユカタン半島をパナマへ向けて、グアテマラ、エルサルバドルを越え、ニカラグアの南のはずれにあるコスタリカに着くのである。パナマを越えたらもう南米のコロンビアだ。

ぼくはこの道をちゃんと見ておきたかった。しかし、えんえんとした道のりの途中でぼくは眠りこんでしまい、飛行機が着陸したと思ったらもうサン・ホセであった。

ぼくがコスタリカに関心をもった理由、それはこの国のジャンセンという研究者が、ひじょうにきっちりした、そしてすぐれた熱帯環境の保護地域を作っているという話を前から聞いていたためであった。

コスタリカという国は、日本にくらべてもごく小さい。しかしコーヒーやバナナを中心とした農業はよく進んでおり、国の経済も中米諸国の中ではおそらくいちばんしっかりしていて、いわばリッチな国であるという。

そんなことがなぜ可能だったのだろう？　ぼくはぜひそれを見てみたかったのだ。行ってみて、それはよくわかった。開発された地域と自然のままの地域とがきちんと区分されていて、リッチな開発と熱帯自然の保存とが、じつにうまくおこなわれているのであった。

開発と自然保護を単純に区分すればよいというようなかんたんなことではない。開発ばかりが進んでいて自然が乏《とぼ》しくなっているのではないかといわれる日本のことを考えると、いろいろ関心をそそられるようなことを、コスタリカではずいぶんたくさん見たような気がする。

もちろん、日本でも、近年はますます多くの努力や試みがなされている。これをさらに進めるにはどうしたらいいのか？　コスタリカ行きでは多くのことを教えられたように思う。

雑木林讃

十二月に入ると、今年ももう冬だ。

家の目の前の小さな山にも、冬の色どりが日々深まってくる。

うれしいことに、ぼくの家から見える前の山は雑木の林なのである。

どんな木々が生えているのか、ここに住まうことになってからの三十何年間、調べようとしたこともない。とにかく雑木の山である。

かつて京都のここに住むことに決めたとき、ぼくにとっていちばん大事だったのは、前の山が雑木林であるという、そのことであった。

ぼくがあちこちによく書いているとおり、昔からぼくは、雑木の林が好きだった。

何の木が生えているのかわからない、まさに〝雑木の山〟。「要するにただの林ですね」。たいていの人は、そんなふうにおっしゃる。何の値打ちもないということだ。

けれどぼくは、なぜかそういう雑木の林が好きだった。

何の木が生えているのか、ぼくにはわからない、そういう林や山が、ぼくにはなぜかたまらない魅力だったのだ。雑木林は季節とともにその姿が次々と変わっていく。それがぼくにはじつに美しく、そしてたのしく思えてしかたがなかったのである。

ぼくは東京の町なかで育った。

子どもの目に見えた町には、雑木林などというものはなかった。きちんと整えられた樹木が、きちんと植えられ、育てられているだけであった。

たいていの人々はそれを見て、「きれいな町ですね」といっていた。それは本心からのほめことばだっただろう。

けれどぼくには、それは「きれいな」ものには見えなかった。

もちろん町にはいろいろな木々もあったが、それは生えているのではなく、植えられているものでしかなかった。

ぼくは〝生えている〟木々に憧《あこが》れつづけていたのである。

中学生になったぼくは、東京郊外の成城学園に入学した。

そのころの成城の町は、いうなれば田舎の始まりであった。

町から少し出ていくと、そこはもう祖師谷《そしがや》の田舎だった。

点在する家はきれいに建てられていたが、そのあたりをはずれたらもうまったくの田舎だった。

そこらじゅうは雑木林で、そこには、植えられたのではなくて自分で生えている木々が、思い思いに育っていた。その生き生きした姿に、ぼくは心を打たれてしまったのである。

雑木林へのぼくの切々たる思いは、おそらくそのころ以来のものであろう。それ以来、ぼくはひたすら雑木林を求めるようになったからである。

今は造園・造林の技術も進み、庭園も植生も美しくなった。それは喜ばしいことなのであろうが、今なおぼくにはそれらを美しいと思う気持ちが湧《わ》いてこない。

ぼくにはただの林がこの上なく親しいものに思えてしかたがないのである。

生物多様性

まだ二年先のことだと思っていたＣＯＰ10が、じつはもう来年に迫っていることに気がついた。

と書いても何が何やらわからないだろうが、この「ＣＯＰ10」というのは、来年二〇一〇年に、日本の名古屋で開かれる生物多様性条約なるものの第十回締約国会議(Conference of the Parties 10)のことなのである。

だれでも知っているとおり、この地球上にはじつにさまざまな、多種多様な生きものが生きている。

ぼくらが日ごろ目にしているあらゆる動物、あらゆる植物、そして微生物たちを含めたら、今存在しているものだけでも、何百万、何千万種類にのぼるだろう。

何ゆえにこれほど多様な生きものが存在しているのか、存在してきたのか、それはだれにもわからない。

ダーウィンはそれを「進化」という概念で説明しようとしたのであろうが、それで解決のつくこととは到底思えない。

この「生物多様性」ということは、昔は生物学という科学の理論的なおくれを示すものとしか思われていなかった。それは生物学が物理学のように理論化されていないことの証明のように思われており、ぼくら生物学に関わっている者たちは、そのことにいつも「忸怩《じくじ》」たる思いを味わってきたのであった。

けれど今われわれは、「この多様性にこそ意味がある」と思わねばならぬと考えるようになった。

それはどんな意味なのか？　と問われたら、それは到底ひとくちで言いきれるようなものではないと答えるほかはない。それは生物というものの根本にかかわる問題だからである。

なぜさまざまな動物がおり、さまざまな植物があるのか？　さまざまな動物たちはさまざまな植物のどれかを食べており、だからさまざまな植物がなければ動物は存在しないのだ。たいていはこのように説明されている。

ではなぜこんなにさまざまな動物がいるのか？　それは何のためなのだ？　と問われたら、われわれは何とも答えようがない。

何のためなのか、それはわからない。とにかくこの地球上にはさまざまな生きものがいるのだ。そしてわれわれ人間もその一つなのだ。こう考えるほかはない。

それはなぜなのだと問うても答えはないだろう。とにかくそうなってきてしまったのだと思うほかはない。

それはなぜだとさらに問われたら、それは神様が……という答えがでてきてしまう。

神をもちださないために近代科学は苦労に苦労を重ねてきた。そして、その結果が現在の認識である。いったいどういうことなのか？　それは今なお現代の悩みである。

なぜ老いるのか

近ごろ年を取ったせいか、自分が若いころ書いた本や訳した本を読み返すことが多くなってきた。これではいけない、新しい研究をしなければとあせったり、いやこうして静かにしているのは、なんて楽なことか……。体調のわるいときは、それを言い訳にしておのずと「人はなぜ老いるのか?」と問うことになる。

今から半世紀以上も前の一九三〇年代に、動物行動学（エソロジー）を確立して、ノーベル生理学・医学賞を受けたオーストリアのコンラート・ローレンツが生物学における「なぜ」について次のようなことを言っている。

生きものに関しての「なぜ」には二つの意味がある。一つはドイツ語でいえば、なぜwarum（ヴァルム）、どういうしくみでそうなっているのかという問い。たとえば、なぜ目が見えるのか。それは目はカメラのような構造をしていて網膜《もうまく》に像を結び、それが視神経によって脳にどう伝わるか……と、まあこんな答えだ。

もう一つはドイツ語でwozu（ヴォッツー）、何のために見えるのかという問いだ。食物を探したり、敵を見つけて逃げたりするため……が答えになるだろう。

これを「なぜ老いるのか」という問いにあてはめてみる。はじめのなぜは、簡単に言ってしまえば老化という体のしくみである。血管がもろくなったり、筋肉が弱り、何十年の間に体が傷み、がたがた故障してくる。けれども普通の機械にくらべたら、人間の身体はほんとうによくできている。八十年も九十年もずっと生き続けていけるのだ。

それでは、二つめのなぜを考えてみると「老いる目的」となる。ふつう野生の動物は、体力が衰えてくると敵に襲われたり、寄生虫や病気によって、「老いる」前に死んでいた。人間はその心配があるていど回避されているので、老いることが問題になるのである。老いは遺伝子にプログラムされたもので生物の宿命だ。人間もその例外ではない。だから老化の先にある死は、別れの悲しみはべっとして大袈裟《おおげさ》に考えないほうがいい。

人間は死後に残せるものが二つある。一つは遺伝子。これは全生物が子孫に伝えていく生物の「設計図」である。遺伝子についてはまたいつか、くわしく語りたいと思う。

そして、もう一つが「ミーム」。これは人間が伝える文化を、特有の性質として定義したものだ。イギリスの進化生物学者リチャード・ドーキンスが遺伝子のgene（ジーン）にならってmeme（ミーム）と名づけた。

人間は後世に、技術、業績、作品、名声、つまりミームを残すことができる。遺伝子と異なり、ミームは生物学的な子孫にだけでなく、広く社会に伝わる。これは遺伝子とは異なる「性質」だ。そしてミームは人間に、時に自分の死を賭しても残そうという強烈な思いを抱かせる。遺伝子は残さなくてもミームだけは残したいという、生物としては特異な側面をあらわすのだ。この次はドーキンスの書いた世界的な大ベストセラー『利己的な遺伝子』の話をしようと思います。

利己的な遺伝子

生きものは、長い時間をかけて姿をかえながら生きのびてきた。それに気づいて多くの人を納得させる説明をつけたのがダーウィンである。一匹なり一頭なりが、うまく生きのびることができれば、子孫を残し、種《しゅ》全体として少しずつ姿をかえながら進化するのだと考えたのだ。

しかし、敵が近づくと自分が犠牲になっても鳴き声をあげて仲間に知らせたり、他人の子育てを手伝うものが存在するなど、ダーウィンには説明できない事実もあった。ハチやアリは、たった一匹の女王のために自分は子孫を残さない数百数千の働きバチや働きアリが「つくして」いる。

これら、みずからを犠牲にするおこないを説明するために、個体の生き残りではなく、遺伝子の「生き残り」に注目したのが英国の動物行動学者リチャード・ドーキンスである。たとえ自分が犠牲になったとしても、自分と同じ、あるいは何分の一かの遺伝子をもつもの（甥《おい》や姪《めい》など）が生き残れば、結果として自分が子孫を残すのと、そうかわらないと考えたのである。子孫の代に残される遺伝子に注目すれば、自分が犠牲になることの意味が理解でき、またダーウィンの進化論をいっそう確かなものにできる。

このようなドーキンスの遺伝子淘汰《とうた》説は、一九七六年に『利己的な遺伝子』という挑戦的な題をもつ本として、世に問われた。たちまち世界的なベストセラーになり、また多くの論争をひきおこした。「利己的な遺伝子」という言葉はもちろん、「生物（個体）は、遺伝子のヴィークル（乗り物）である」というドーキンス一流のたとえは、誇張されて誤解もまねいた。これは上等の科学書である本書が、読みやすく、多くの読者をえた、その代償でもあった。

論争にさらされたドーキンスは、初版の原稿はそのままに、批判や新知見については最小限の章や注を入れることで、出版三十周年記念版となる第三版をあらわした。その序文で、『利己的な遺伝子』は、時代遅れになったり、無用なものになってはおらず、さらに「大あわてで撤回したり謝罪するところは本書にはほとんどない」と述べている。

私は、初版から第三版まで、訳者として長くこの本に付き合ってきた。そもそも動物は、本当に自分を危険にさらすようなことはしない。相手を殺そうと思えば、こちらも返り討ちにあいかねないのだ。動物は、賭けはしないのである。それを「利己的」というのなら、そのことによって、自然は結果的に調和がとれていることになる。

つい最近までは、自然の調和のために一匹なり一頭なりが存在するという考えが主流だった。しかし、今は一匹の、その一部の遺伝子の淘汰の結果、全体の調和がとれているのだという考えが注目されている。とすれば「自然の調和を乱すな」という考えかたは宙に浮いてしまう。目的があるから、そうなっているのだという見かたは、耳目に入りやすい。しかしそれが正しく自然をとらえているのかというと、疑問の残るところなのである。

ミーム

近ごろあまり話題にはされないが、ぼくは「ミーム」というものに関心をもっている。イギリスの動物行動学者リチャード・ドーキンスがミームという言葉をつくりだしたとき以来、ミームはぼくの最大の関心である。

人間がほかの生きものとちがうのは、文化をもつことである。文化の存在は、人が人へと伝えることで続いていく。そこでドーキンスは、文化を伝える想像上の「遺伝子」に、ミームと名前をつけたのである。人間は多くのミームを残そうとするが、よいミームは広く伝わり文化として継承され、わるいミームはやがて消えてしまう。

人間は銅像を建ててもらったり、研究や作品などの業績としてミームを残したいと思っているわけだから、そうしたものを軽蔑《けいべつ》する人がいても、そんなインテリも、心のなかでは実は自分もミームを残したいと思っているのだ。

このミームを残したいという願望は、場合によっては、生き延びて、子孫を残したいという生物としての本能に反し、遺伝子は残さなくてもいいから、ミームを残したいという形をとることすらある。これは生きものとしては異常なことで、人間の大きな特徴であろう。死ぬときに、まだやり残したことがあると、たいていの人が悩むのも、ミームを残したいという願望の強さのあらわれであろう。

人間の文化というと風呂敷が大きくなるが、たとえば小鳥のさえずりに注目しても、ミームの存在を裏づけるような現象がみられる。小鳥は、ヒナのとき、親の声を耳で聞いて鳴き声を覚える。だから人間に育てられたヒナは上手に鳴けない。しかし人間が飼っていても、録音された親の鳴き声を聞かせてやれば上手に鳴くようになる。つまりヒナは、潜在的に鳴く能力はもつが、鳴きかたまでは遺伝子に組み込まれていない。鳴きかたは、親のミームによって子孫に伝えられるのだ。小鳥の鳴きかたには地域ごとに少しずつちがいがある。これは人間の方言を考えてみればよくわかるだろう。

人間を特徴づけている文化は、ミームによって伝えられ、その拘束は、表面上は生物としての本能よりも強固なものになっている。ミームは複数の文化を生み、それらは反発したり、融合したりして、またミームによって次世代へ伝えられる。その過程で人間は殺し合いをしたり、生物としては死ぬ状態にあったものが延命されたりする。さきに、よいミームは広がると言ったが、これは「善良な」「素晴らしい」ということではない。遺伝子とおなじようにより多く選択されたという意味だ。ドーキンスは、ミームも遺伝子同様、ダーウィン流の選択によって広まっていくと考える。ある人たちにとって「悪い」ミームであっても、選択される理由があればミームとして広まっていく。

ミームが遺伝子と異なるのは、伝わる相手が自分の子孫だけではないことだ。ミームが伝わっていくのは、たとえば教え子であったり、読者であったり、民族であったり、信者であったりする。よくもわるくも、人間という生きものが、地球上で繁栄しているのはミームによって複製され、伝えられる文化によるものなのである。

ぼくのファン

ぼくのファンは、本を読んでやってくる人が多い。ずっとぼくの書いたものを読んでくれていて、ある日、会いたいとやってくる。いろいろ聞きたいことがあるのだろう。書いているものは、話とすればおおげさなものが多いから、もっと細かいことが知りたいのかもしれない。

突然、家を訪ねてきて、話が聞きたいとあがりこむ研究者。写真をバシバシ撮り、猛烈な勢いでメモを取る企業のトップ。いろいろな人がいるが、どの人も話題の中心は学問的なことだ。学問上のことは、質問されてぼくもわからなければ、わかりませんと答えるだけだ。そういう意味では、相手の期待に応えられなくても、しょうがないと思うだけで、気苦労はしない。

つまりファンといっても、正確にはぼくという人間に対してではないだろうと思うのだ。もちろん訪ねてくる人に対して、どんなときもぼくは人間として真摯《しんし》に相対する。まわりの家族はちょっと心配することがあるようだが、本来、ぼくにはストーカーのようなファンはいないのだろうと思う。

人とは必ず直接会って、話を受けるかどうか、ぼく自身が決めるようにしている。秘書をつけたらどうかといわれることもあるが、ぼく以外の人がぼくの頭の中を管理するなんてとってもできないだろうと思う。断るかどうかは会ってみなければ、そして話を聞いてみなければ、わからないではないか。会ってから決めるぼくの判断を、ぼく以外に前もって取りしきれる人がいるだろうか。

話すことはとても大事だ。その人がどういうことに関心を持っているか、深く聞いてみると、実はずいぶんいろんなことを考えているとわかって尊敬する人もいるし、ろくでもない人もいる。しかしどちらにしても、直接会わなければ本当のことはわからない。今のやりかたは、手間であっても仕方がないことだと思っている。

たとえばこの専門ならこの先生というふうに振り分けて、もっと単純に物事を考えればいいのかもしれないが、専門家というラベルをはられるのは、ぼく自身、いやだなと思っている。そういう意味で、ぼくは知識人という職業人ではないのだろう。あなたは何者かと問われれば、自分でもわかりませんと答えるだろう。ぼくの記憶、知識、経験、生い立ち、背景、歴史などがすべてからんで、ぼくという人間がいると思ってもらうほかない。

ファンといえば、若いころ、ぼくは今西錦司という人に憧《あこが》れていた。どういう人か知りたかったから、会って話をしてみると、えらい人だなという印象と、くだらないこともいう人だなという印象が同時にあった。京都人には京都人らしいくだらなさというものがある。これはなかなか言葉では表せず、実際に京都に住んでみないとわからないだろうと思う。

ぼくも、自分ではまったくそんなふうに考えたこともなかったのに「先生って意外とくだらないことをいう人なんですね」といわれることがある。

ファンに限らず、他人《ひと》の評価というものは簡単にできるものではないと、いつも思う。

◎初出

「動物たち　それぞれの世界」中日新聞（二〇〇一年一月十九日〜二〇〇三年十二月十二日）

「動物の言い分、私の言い分」京都新聞「天眼」（二〇〇五年二月五日〜二〇〇九年七月十一日）

日高敏隆　（ひだか・としたか）

1930年東京生まれ。京都大学名誉教授。理学博士。東京大学理学部動物学科卒業。東京農工大学教授、京都大学教授。82年に創設された日本動物行動学会の初代会長。滋賀県立大学学長、総合地球環境学研究所所長を歴任。著書に『チョウはなぜ飛ぶか』（岩波書店）、『ネコはどうしてわがままか』（法研）、『動物と人間の世界認識』（筑摩書房）、『春の数えかた』『セミたちと温暖化』（以上、新潮社）などがあり、訳書にドーキンス『利己的な遺伝子』（共訳、紀伊國屋書店）、ローレンツ『ソロモンの指輪』などがある。

PHP
Science World
002

なぜ飼い犬に手をかまれるのか
動物たちの言い分

2009年10月2日 第1版第1刷発行

著者　日高敏隆
発行者　江口克彦
発行所　ＰＨＰ研究所
東京本部　〒102-8331 千代田区一番町21
新書出版部　TEL 03-3239-6298（編集）
普及一部　TEL 03-3239-6233（販売）
京都本部　〒601-8411 京都市南区西九条北ノ内町11
組版　朝日メディアインターナショナル株式会社
装幀　寄藤文平　篠塚基伸（文平銀座）
印刷・製本所　図書印刷株式会社
［ジャンル 生きもの］

落丁・乱丁本の場合は弊社制作管理部（TEL 03-3239-6226）へご連絡下さい。

送料弊社負担にてお取り替えいたします。

 ISBN978-4-569-77205-9

「ＰＨＰサイエンス・ワールド新書」発刊にあたって

「なぜだろう？」「どうしてだろう？」――科学する心は、子どもが持つような素朴な疑問から始まります。それは、ときには発見する喜びであり、ドキドキするような感動であり、やがて自然と他者を慈しむ心へとつながっていくのです。人の持つ類いまれな好奇心の持続こそが、生きる糧となり、社会の本質を見抜く眼となることでしょう。

そうした、内なる「私」の好奇心を、再び取り戻し、大切に育んでいきたい――。ＰＨＰサイエンス・ワールド新書は、『私』から始まる科学の世界へ」をコンセプトに、身近な「なぜ」「なに」を大事にし、魅惑的なサイエンスの知の世界への旅立ちをお手伝いするシリーズです。「文系」「理系」という学問の壁を飛び越え、あくなき好奇心と探究心で、いざ、冒険の船出へ。

二〇〇九年九月　ＰＨＰ研究所